Fragen finden und im internen Audit richtig einsetzen
2. Auflage

TÜV Media

Der Auditfragenkatalog zur ISO/IEC 27001

Rheinland
...isely. Right.

Autor:

Dr.-Ing. Wolfgang Kallmeyer
Partner der TÜV Rheinland Consulting GmbH

Bibliografische Informationen der Deutschen Nationalibliothek
Die Deutsche Nationalibliothek verzeichnet diese Publikation in der Deutschen Nationalbibliografie. Detaillierte bibliografische Daten sind im Internet über http://dnb.d-nb.de abrufbar.

ISBN 978-3-7406-0809-5 (Print)
ISBN 978-3-7406-0810-1 (E-Book)

Zur Nutzung der Broschüre

Zielsetzung der Broschüre

Interne Systemaudits gehören zum Alltag für alle Organisationen, die ein zertifiziertes Managementsystem unterhalten. Die Änderungen durch die Revision in 2022 sind berücksichtigt. In dieser Fachbroschüre erhalten Sie einleitende Informationen dazu, auf welchen Grundlagen interne Audits beruhen und welche normativen Regelwerke dabei zu berücksichtigen sind.

Aufbau

Im Kern dieser Broschüre erfahren Sie, wie Sie interne Audits nach ISO/IEC 27001 durchführen können. Zur Bildung von Auditfragen stellen wir Ihnen dazu die Textanalyse und die Turtle-Analyse vor, die beiden gebräuchlichen Methoden, mit denen Sie recht einfach passende Auditfragen generieren können.

Außerdem erhalten Sie Hinweise zu korrektem Kommunikationsverhalten in verschiedenen Auditsituationen und zur richtigen Fragetechnik, mit der Sie im Audit die für eine Bewertung notwendigen Informationen erhalten.

Der Fragenkatalog

Zu Ihrer Zeitersparnis finden Sie einen direkt verwendbaren Auditfragenkatalog für das interne Systemaudit, basierend auf den Forderungen der ISO/IEC 27001:2022, beigefügt.

Arbeitshilfen zum Download

Die im Text angeführten Klammersymbole verweisen auf Arbeitshilfen, die Sie bei der Generierung von Auditfragen unterstützen und die wir Ihnen zum Download bereitgestellt haben:

Verweismatrix „Änderungen der Normkapitel in ISO/IEC 27001, 2015–2022"

Änderungen_Normkapitel.xlsx

In der beigefügten Arbeitshilfe sind alle Änderungen der Normkapitel 4 bis 10 von ISO/IEC 27001:2022 zu DIN EN ISO/IEC 27001:2015 in Form einer Verweismatrix zusammengefasst.

Verweismatrix „Änderungen Anhang A in ISO/IEC 27001, 2015–2022"

Änderungen_Anhang.xlsx

In der Arbeitshilfe sind alle Änderungen von DIN EN ISO/IEC 27001:2015, Anhang A, zu ISO/IEC 27001:2022, Anhang A.1, in Form einer Verweismatrix aufgelistet

Auditfragenkatalog zum internen Systemaudit nach ISO/IEC 27001

Fragenkatalog_27001.docx

Der Auditfragenkatalog für das interne Systemaudit wurde für Sie auf der Grundlage der Forderungen der ISO/IEC 27001:2022 mittels Textanalyse generiert. Den Fragenkatalog können Sie an die Erfordernisse Ihrer Organisation anpassen und um firmenspezifische Belange ergänzen.

Auditfragen generieren mit Turtle-Analyse

Turtle-Analyse_27001.docx

Neben der Textanalyse lassen sich auch mit der Methode der Turtle-Analyse aus den Prozessen der Organisation nachvollziehbar und systematisch Auditfragen entwickeln. Über das strukturierte Formular werden alle relevanten Einflussfaktoren erfasst und zudem die Prozesse und ihre möglichen Risiken dargestellt. Sinnvollerweise werden auf diesem Formular auch Infos zu Prozesseigner, die Prozessbezeichnung und die Prozessstützen erfasst. Als Beispiel ist exemplarisch das Muster einer Turtle-Analyse für den Prozess „Interne Audits" beigefügt.

Die Arbeitshilfen stehen für Sie zum Download bereit unter:

https://www.qm-aktuell.de/60809-2/

Passwort: **23104**

Inhalt

Zur Nutzung der Broschüre ... 3
1 Auditprozess und seine Grundlagen ... 7
2 Leiten und Lenken von internen Audits ... 9
3 Struktur der ISO/IEC 27001:2022 ... 11
4 Besonderheiten des ISMS und Verbindungen zu anderen Managementsystemen ... 13
4.1 Allgemeines ... 13
4.2 Revision 2022 der ISO/IEC 27001, inhaltliche Änderungen ... 13
4.3 Verbindung zur neuen ISO/IEC 27002:2022 ... 18
5 Methoden zur Generierung von Auditfragen ... 21
5.1 Allgemeines ... 21
5.2 Textanalyse der Norm ... 22
5.3 Frageliste zur ISO/IEC 27001 ... 23
5.4 Turtle-Methode ... 24
6 Kommunikationsverhalten ... 29
7 Auditfragen und Auditinterview ... 31
7.1 Fragetechniken ... 31
7.2 Auditinterview ... 33
8 Quellen ... 34
Anhang: Auditfragen zur ISO/IEC 27001 ... 35

1 Auditprozess und seine Grundlagen

Definition Audit

Nach der ISO 9000 [1] (Normkapitel 3.13.1) ist ein Audit ein *„systematischer, unabhängiger und dokumentierter Prozess zur Erlangung von Auditnachweisen und zu deren objektiver Auswertung, um zu ermitteln, inwieweit Auditkriterien erfüllt sind"*.

ISO 19011

Zur Vorbereitung und Durchführung von internen Audits und Lieferantenaudits wurde die ISO 19011 [2] entwickelt. Das Management von Zertifizierungsaudits wird in der ISO/IEC 17021-1 [3] geregelt, die ISO 19011 kann dabei als Hilfestellung herangezogen werden.

Tabelle 1 gibt einen zusammenhängenden Überblick über die Auditarten, ihre Bezeichnungen und ihre normative Zuordnung.

Tabelle 1: Auditarten, Bezeichnungen und Anwendungsbereiche von ISO 19011 und ISO/IEC 17021

Auditarten	Internes Audit	Externes Audit	
		Lieferantenaudit (ggf. Kundenaudit)	Zertifizierungsaudit
Alternative Bezeichnungen	First-Party-Audit	Second-Party-Audit	Third-Party-Audit
Anwendungsbereich der Normen	ISO 19011	ISO/IEC 17021	

Bewertung und Verbesserung

Das Ziel eines internen Systemaudits (First-Party-Audit) besteht darin, das gesamte installierte Informationssicherheitsmanagementsystem (ISMS) eines Unternehmens nach ISO/IEC 27001 [4] systematisch zu bewerten und zu verbessern. Die Durchführung obliegt dabei meist geschulten Mitarbeitern des Unternehmens. Bei einem Systemaudit wird die gesamte Aufbau- und Ablauforganisation eines Unternehmens daraufhin überprüft, ob die Normenforderungen der ISO/IEC 27001 erfüllt sind und die eigenen Informationssicherheitsziele erreicht werden können.

Die Anforderungen an Interne Audits in der ISO/IEC 27001 unterscheiden sich im Grundsatz nicht von den Anforderungen anderer Systemnormen wie der ISO 9001 [5] oder ISO 14001. Methodisch sind ein vergleichbares Vorgehen und eine integrierte Auditdurchführung jederzeit möglich.

Informationssicherheit steigern

Wird das gesamte ISMS eines Unternehmens durch regelmäßige Audits überprüft, können Abweichungen in der Informations-, IT- und Cybersicherheit früh erkannt und rechtzeitig korrigiert werden. Dies senkt das Risiko von Daten- und Informationsverlusten und die damit verbundenen materiellen und immateriellen Schäden. Da Informationssicherheitsaudits immer auch darauf abzielen, Verbesserungsmöglichkeiten zu finden, selbst wenn der Ablauf von IT-Sicherheitsverfahren und Informationssicherheitsbelangen relativ reibungslos funktioniert, können diese regelmäßigen Überprüfungen auch dazu genutzt werden, das Sicherheitsniveau für Informationen und Daten in einem Unternehmen fortlaufend zu steigern. Der Schwerpunkt eines internen Audits liegt in der Suche nach Verbesserungspotenzial zur Weiterentwicklung des Managementsystems und der Unternehmensprozesse. Die Erfüllung der Normenforderung spielt, im Gegensatz zu einem Zertifizierungsaudit, nur eine nachrangige Rolle.

Im Rahmen der Durchführung eines internen Audits sollen Informationen durch geeignete Stichprobenverfahren in Bezug auf die Auditziele und die Auditkriterien gesammelt werden. Darin enthalten sind auch Informationen, die sich auf Schnittstellen zwischen Funktionsbereichen, Tätigkeiten und Prozessen beziehen. Um an die notwendigen Auditinformationen zu kommen, müssen verschiedene Methoden der Informationsbeschaffung genutzt werden.

Methoden der Informationsbeschaffung

Gängige Methoden der Informationsbeschaffung in einem Audit sind:

- Führen von Interviews mit Mitarbeitern,
- Beobachten von Tätigkeiten und Prozessabläufen,
- Prüfen von dokumentierter Information (Dokumente, Nachweise),
- Begehung des Standorts und Begutachtung von Informationstechnologien.

Das Interview und die Befragung von Mitarbeitern und Führungskräften der auditierten Organisation sind die wichtigsten Instrumente zur Generierung von Auditfeststellungen für den Auditor. Dazu sind die richtigen Fragen zur richtigen Zeit am richtigen Ort zu stellen.

2 Leiten und Lenken von internen Audits

Leitfaden

Die Anforderungen an interne Audits sind im Normkapitel 9.2 der ISO/ IEC 27001 festgelegt. Die Beschreibung, was im Unternehmen genau zu tun ist, um die Normenforderung zu erfüllen, ist aber nicht im Detail ausgeführt. Daher hat die International Standard Organization (ISO) den „Leitfaden zur Auditierung von Managementsystemen" (ISO 19011) herausgebracht. Der Leitfaden leistet den Unternehmen Hilfestellung bei der Planung und Durchführung von internen Audits. Die Ausführungen in diesem Leitfaden sind kein Muss, aber ein *Sollte* oder *Könnte,* um die Anforderungen an interne Audits zielgerichtet für das Unternehmen festzulegen und umzusetzen.

Die Gliederung der ISO 19011 zeigt die Abbildung 1.

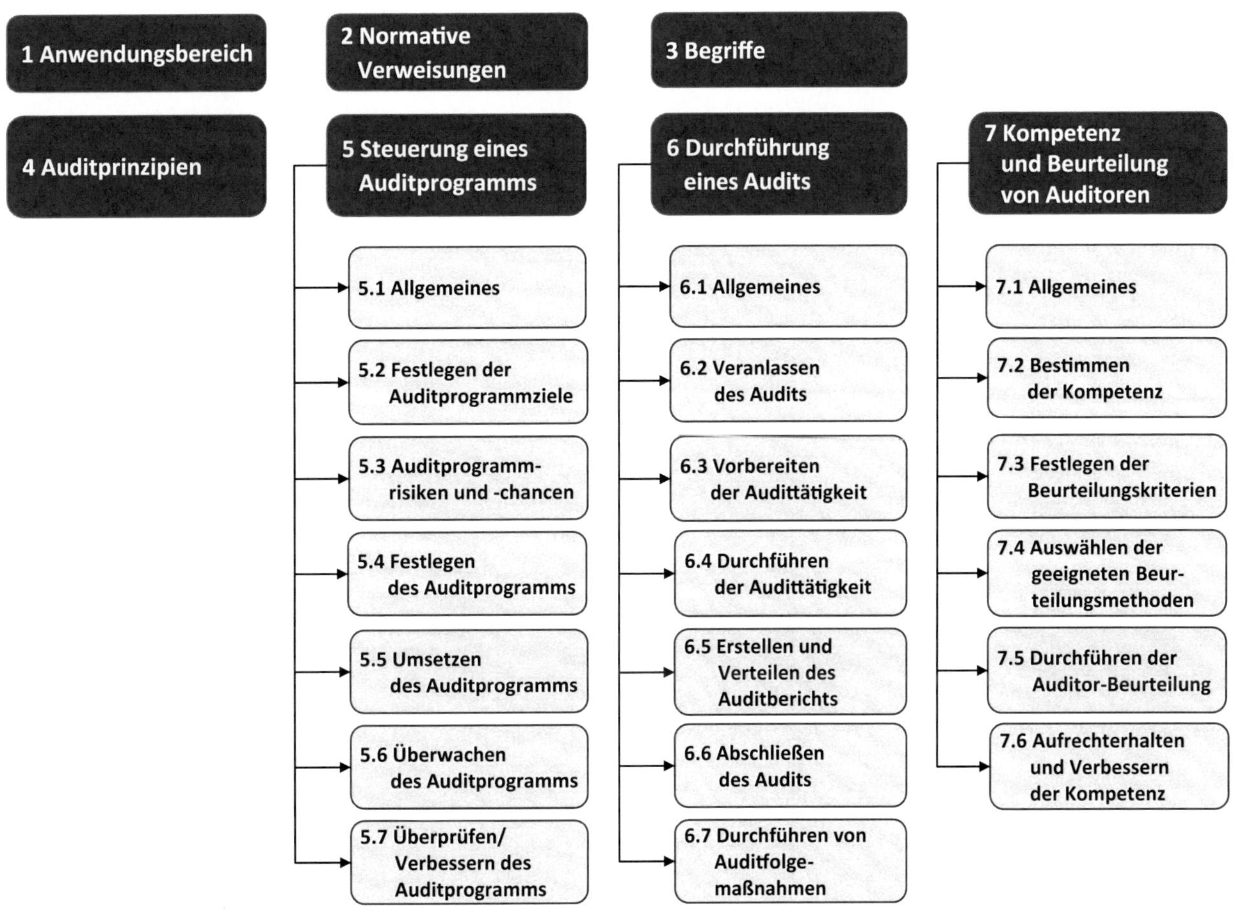

Abb. 1: Gliederung der ISO19011

Der Auditor

Das Normkapitel 4 „Auditprinzipien" beschreibt zum einen den Verhaltenskodex für den Auditor hinsichtlich der Qualität seiner Arbeit sowie die ethischen Anforderungen an seine Person und zum anderen die Grundlagen einer unabhängigen, dem Auditerfolg geschuldeten Auditdurchführung.

Auditplanung

Jede Tätigkeit, die von Erfolg gekrönt sein soll, setzt an ihren Anfang die Planung, als geistige Vorwegnahme zukünftigen Handelns, um Fehler zu vermeiden. Diesem Grundsatz folgt auch das Normkapitel 5 „Steuerung eines Auditprogramms". Zentrales Werkzeug der Planung eines Audits ist das Auditprogramm, das die Auditaktivitäten eines geplanten Zeitraums (z. B. ein Jahr) übersichtlich darstellt. Der zweite wesentliche Punkt im Normkapitel 5 ist die Analyse des Auditprozesses und des Auditprogramms mittels einer Chancen- und Risikobetrachtung, um deren Wirksamkeit abzusichern.

Auditdurchführung

Für die direkte Auditdurchführung enthält das Normkapitel 6 „Durchführung eines Audits" die Hilfestellung für den Auditor und Auditteamleiter, die diese benötigen, um ein einzelnes Audit vor Ort wirksam zu planen und durchzuführen. In den Geltungsbereich dieses Normkapitels fällt auch die Vorbereitung auf ein Audit mit der Erstellung der Auditfrageliste und deren Anwendung in der Auditkommunikation.

Auditorkompetenz

Das letzte Normkapitel der ISO 19011 beschäftigt sich mit der Kompetenz von Auditoren und wie man diese erreichen und erhalten kann. Denn das Vertrauen in den Auditprozess und die Güte der Auditergebnisse hängt in wesentlichem Maße von der Kompetenz und der Eignung der eingesetzten Auditoren ab.

Neben den Ausführungen in den Normkapiteln 4 bis 7 bietet die ISO 19011 im Anhang A noch weitere nützliche Informationen vertiefend zum Normkapitel 6 „Durchführung eines Audits" an. Gerade für Auditoren, die am Anfang ihrer Tätigkeit stehen, sind die Ausführungen in den Unterkapiteln des Anhangs A sehr hilfreich.

Weitere Informationen

Umfassende Informationen zur Vertiefung des Themas interne Audits finden Sie in der Fachbroschüre „Die ISO 19011 – Audits erfolgreich vorbereiten und durchführen" [6].

3 Struktur der ISO/IEC 27001:2022

High Level Structure (HLS)

Die High Level Structure (HLS) wurde 2013 durch die ISO eingeführt, damit die Struktur von ISO-Managementsystemnormen, die Zertifizierungsgrundlage sind, einen einheitlichen Aufbau aufweisen. Mit der Revision der ISO 9001 im Jahr 2015 wurde die HLS auch für die weltweit am häufigsten zertifizierte Norm eingeführt. Weitere ISO-Normen, die als Zertifizierungsgrundlage dienen, folgten, so auch die ISO/IEC 27001:2013. Nach acht Jahren wurde die High Level Structure einer Revision unterzogen, um die wachsenden Anforderungen der Managementsysteme zur Harmonisierung weiter zu erfüllen. Im Mai 2021 wurde die neue Harmonized Structure (HS) von der ISO in Kraft gesetzt. Das bedeutet, dass ab diesem Zeitpunkt die neue HS für die Ausarbeitung neuer ISO-Managementsystemnormen und zukünftiger Überarbeitungen bestehender ISO-Managementsystemnormen Anwendung findet. Die Grundsätze der HLS bezüglich Harmonisierung von Zertifizierungsnormen werden auch in der HS beibehalten.

Neben einer einheitlichen Kapitelstruktur gibt die ISO mit identischen Textbausteinen, gemeinsamen Begriffen und Definitionen auch eine Harmonisierung der Sprache vor, die – wo immer möglich – den Kern von neuen und überarbeiteten Managementsystemnormen bilden soll und somit die Klarheit in der Aussage der Forderungen verbessert. Die einheitliche Kapitelstruktur ist von großem Vorteil bei der Zusammenführung von mehreren Managementsystemen zu einem integrierten System.

In der Kapitelstruktur hat es kleine, aber bemerkbare Änderungen gegeben. Die inhaltlichen Änderungen sind eher geringfügiger Natur und werden wohl nur von sehr normenaffinen Lesern bemerkt werden. Die Revision der ISO 27001:2022 ist die erste Norm, auf die die neue HS Anwendung findet. Welche wesentlichen Änderungen in der überarbeiteten ISO 27001 auf die HS zurückzuführen sind, wird nachfolgend erläutert.

Die Kapitelstruktur der ISO/IEC 27001 im Stand der Revision 2022 gibt Abbildung 2 wieder.

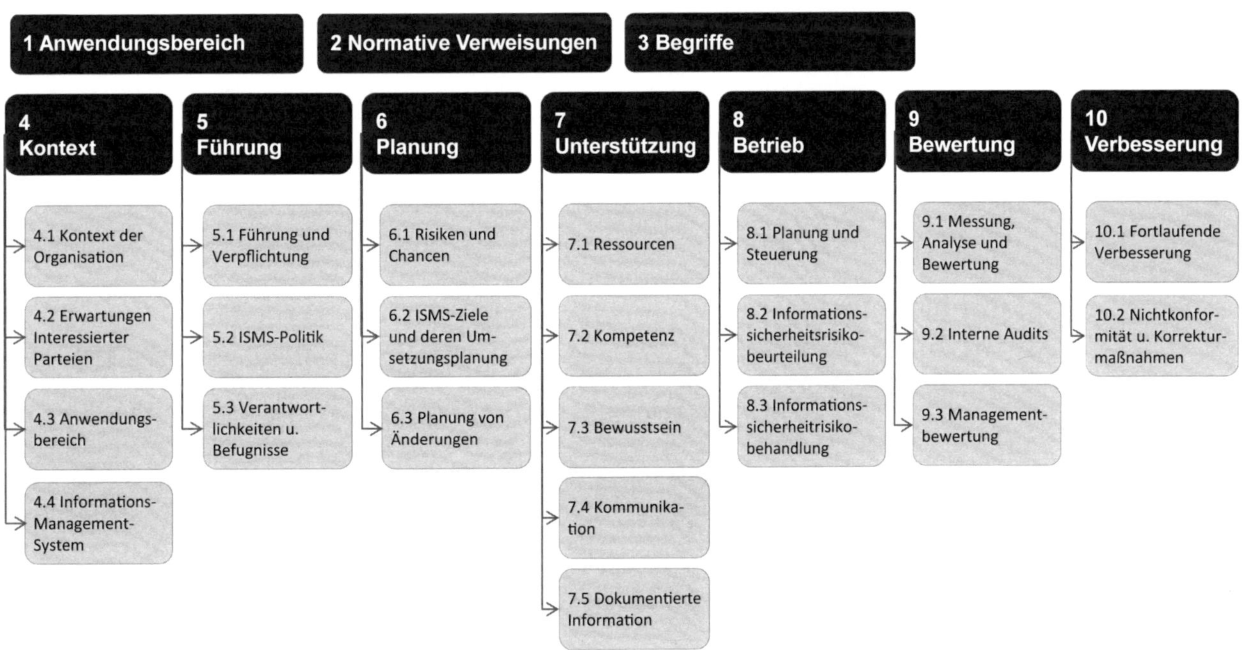

Abb. 2: HS-Struktur der ISO/IEC 27001

Risiken-Chancen-Bewertung

Das Normkapitel 4 und seine Unterkapitel bilden den Rahmen für das Informationsmanagementsystem (ISMS). Im Normkapitel 5 sind die Aufgaben und die Verantwortung der Leitung für die Organisation und die Aufrechterhaltung sowie Wirksamkeit des ISMS niedergelegt. Das Normkapitel 6 enthält den planerischen Ansatz des Managementsystems. Die Bewertung von Risiken und Chancen soll es ermöglichen, Vorbeugemaßnahmen gezielt zu ergreifen, um negative Auswirkungen auf die Organisation zu verhindern und positive Auswirkungen zur Verbesserung zu nutzen. Ebenso dient die verbindliche Festlegung von Zielen und deren Umsetzung der Verbesserung des ISMS und seiner Prozesse.

Als neues Kapitel wird durch die HS das Normkapitel 6.3 „Planung von Änderungen" eingeführt. In der ISO 9001:2015 ist dieses Kapitel mit den gleichen Anforderungen bereits vorhanden. Es geht darum, dass Änderungen am bestehenden Managementsystem die Funktionsfähigkeit des Systems als solches nicht negativ beeinträchtigen dürfen.

Das Normkapitel 7 enthält Regelungen zur Bereitstellung der notwendigen Ressourcen, Personen und Mittel, die in einem ISMS als Erfolgsfaktor unabdingbar sind.

Umgang mit Fehlern

Das für das operative Geschäft einer Organisation wichtigste ist das Normkapitel 8. In ihm werden die Anforderungen an den Betrieb einer Organisation bezüglich der Planung und Steuerung der ISMS-Prozesse bis zur Informationssicherheitsrisikobeurteilung und Risikobehandlung vorgestellt. Zur Überwachung und Steuerung benötigen ein Managementsystem und seine Prozesse bestimmte Instrumente.

Das Normkapitel 9 stellt diese Instrumente zur Verfügung. In diesem Kapitel gibt es weitere strukturelle Neuerungen durch die Revision. Das Normkapitel 9.2 Internes Audit ist in zwei Unterkapitel untergliedert worden, die Normkapitel 9.2.1 „Allgemeines" und 9.2.2 „Programm des internen Audits". Ebenso ist das Normkapitel 9.3 „Managementbewertung" in folgende drei Unterkapitel aufgeteilt worden: Normkapitel 9.3.1 „Allgemeines", 9.3.2 „Eingaben für die Managementbewertung" und 9.3.3 „Managementbewertungsergebnisse". Inhaltlich hat es die Forderungen aus Normkapitel 9.2 und 9.3 auch schon in der alten Norm gegeben, aber sie waren aufgrund der fehlenden Unterkapitel nicht so klar strukturiert. Diese Form der Gliederung in Unterkapitel weist auch schon die ISO 9001:2015 auf.

Korrektur-Maßnahmen/ Verbesserung

Da Fehler und deren Folgen nie ganz auszuschließen sind, werden in Normkapitel 10 Forderungen zu Korrekturmaßnahmen von Fehlern und nach Instrumenten zur fortlaufenden Verbesserung gestellt. Auch dazu hat es durch die neue HS eine Veränderung gegeben. Die Reihenfolge der Normkapitel 10.1 „Nichtkonformitäten und Korrekturmaßnahmen" und 10.2 „Fortlaufende Verbesserung" ist vertauscht worden. Was auf den ersten Blick als nicht so wesentlich erscheint, ist normativ ein Paradigmenwechsel. Der Vermeidung von Fehlern durch aktive Vorbeugung wird eindeutig der Vorrang gegeben vor der Korrektur von Fehlern. Daher steht nun Normkapitel 10.1 „Fortlaufende Verbesserung" vor 10.2 „Nichtkonformität und Korrekturmaßnahmen". Daraus folgt für die Managementsysteme der Wechsel von einer Fehlerkultur, wie gut sie im Einzelnen auch immer sein mag, zu einer Vorbeugungskultur mit dem Ziel, Fehler zu vermeiden – womit auch ein neuer Auditschwerpunkt entstanden sein dürfte.

4 Besonderheiten des ISMS und Verbindungen zu anderen Managementsystemen

4.1 Allgemeines

Unternehmenswerte: Daten und Information

In der heutigen globalisierten Welt sind nicht mehr nur Betriebsmittel, Infrastruktur, Material und Waren Gegenstände, die den monetären Wert eines Unternehmens ausmachen. Software, IT-Dienstleistungen, Wissen und Informationen bestimmen heute häufig stärker den Wert eines Unternehmens. Die großen Technologiefirmen haben Börsenwerte, die die körperlichen Werte in der Bilanz um ein Vielfaches übertreffen. Auch der Erfolg eines Unternehmens hängt nicht mehr nur von der Qualität seiner Produkte, sondern in immer größeren Umfang von den zur Verfügung stehenden Daten und Informationen ab (z. B. Google). Die Mengen an nutzbaren Daten und die Möglichkeiten sowie die Geschwindigkeit ihrer Verarbeitung bestimmen immer häufiger den Markterfolg. Diese Werte zu schützen und zu mehren wird heute meist professionell durch das Assetmanagement betrieben. Die ISO/IEC 27001 leistet in diesem Kontext zur Sicherheit von Daten und IT-Systemen einen Beitrag.

Assets schützen

In der Praxis wird jede Information, unabhängig davon, ob es das gesprochene Wort, die schriftlich dokumentierte Information, Bilder und Filme oder Daten in IT-Systemen sind, als solche Information betrachtet. Wenn diese Unternehmensinterna Informationen enthalten, die dem Unternehmen Wettbewerbsvorteile verschaffen oder ggf. Wettbewerbsnachteile bedeuten können, sind es Werte (Assets), die ein Unternehmen schützen sollte. Schon die vorzeitige Information über einen geplanten Geschäftsabschluss bietet dem Wettbewerb die Möglichkeit, dieses Geschäft noch zu vereiteln. Daher ist es eine zentrale Aufgabe des ISMS, die Werte und Informationen zu erfassen (Inventarisieren), hinsichtlich ihrer Bedeutung zu klassifizieren und den Umgang mit ihnen festzulegen.

Integriertes Managementsystem

Die ISO/IEC 27001 ist in der Regel nicht die einzige zertifizierbare Managementsystemnorm in einer Organisation. In der Praxis ist sie häufig in Verbindung mit der ISO 9001 (Qualitätsmanagementsystem), der ISO 14001 (Umweltmanagementsystem) und anderen ISO-Normen in Form eines Integrierten Managementsystems (IMS) zu finden. Die Anforderungen des ISMS sind dann in einer gemeinsamen Systemdokumentation dargelegt. Die Zuordnung der ISMS-Forderungen zu den einzelnen Kapiteln eines IMS ist dank der High Level Structure (HLS) mittels gemeinsamer Kapitelstruktur ohne Schwierigkeiten möglich. Die Auditierung erfolgt dann im Kontext der anderen Managementsysteme.

Die Themen aus Anhang A bilden neben den normativen Forderungen der Normkapitel 4 bis 10 den Rahmen, der Gegenstand eines internen Audits für das ISMS ist. Die Themen in Anhang A werden dabei im Kontext der zutreffenden Normenkapitel mit auditiert. In einem IMS erfüllen die Forderungen der ISO/IEC 27001 eine Querschnittsfunktion in allen Prozessen. Es gibt keinen Managementsystemprozess, der ohne Informationen und Daten auskommt, daher ist die Sicherheit dieser Informationen und Daten auch in einem IMS allgegenwärtig.

4.2 Revision 2022 der ISO/IEC 27001, inhaltliche Änderungen

Die internationale Norm ISO/IEC 27001 bildet die Grundlage für ein Informationssicherheitsmanagementsystem. In den neun Jahren ihrer Anwendung in der Praxis ist die Bedeutung der Norm stetig gestiegen. 2021 lag sie weltweit schon auf Platz 4, wenn auch mit größerem Abstand zum drittplatzierten der zertifizierten Managementsysteme [7]. Auf den Plätze 1 bis 3 liegen die ISO 9001 (Qualitätsmanagement), die ISO 14001 (Umweltmanagement) und die ISO 45001 (Arbeits- und Gesundheitsmanagement). Weltweit besitzen schon knapp 60.000 Unternehmen eine Zertifizierung nach ISO/IEC 27001. In Deutschland sind es immerhin schon ca. 1.300 Zertifizierungen. Damit ist bewiesen, dass das Thema Informationssicherheit für viele Unternehmen an Bedeutung gewinnt.

Cybersicherheit

Nach neun Jahren ist die ISO/IEC 27001:2013 einer Revision unterzogen worden. Im Oktober 2022 trat die erneuerte Norm in Kraft, und diese wird nach einer Übergangszeit (18 Monate nach Veröffentlichung) die alte Norm als Zertifizierungsgrundlage ersetzen. Eines ist heute schon sicher: Die Bedeutung dieser Norm wird weiter zunehmen, da elektronische Daten einschließlich ihrer Speicherung und Verarbeitung und ihres Transports die Lebensader vieler Organisationen sind. Ohne entsprechende Sicherheit ist unsere vernetzte Welt sehr verletzlich gegenüber Hackerangriffen und Datenspionage von außen. Regierungen, Organisationen und Unternehmen können ins Wanken geraten, wenn ihre Daten in falsche Hände geraten oder der Datentransfer gestört wird. Daher hat die Revision dem Thema Cybersicherheit besondere Aufmerksamkeit geschenkt. Dies geht auch schon aus dem neuen Titel „Informationssicherheit, Cybersicherheit und Schutz der Privatsphäre" hervor (alt: Informationstechnik – IT-Sicherheitsverfahren). Die zweite inhaltliche Erweiterung der Revision betrifft das Thema des Datenschutzes, der aus guten Gründen weltweit immer stärker gesetzlichen Regulierungen unterliegt.

Für die Anwender und alle, die es in absehbarer Zeit werden wollen, stellt sich nun die Frage, was durch die Revision anders geworden ist. Auf die strukturellen Änderungen der ISO 27001:2022 aufgrund der neuen HS ist im Abschnitt 3 bereits eingegangen worden. Somit bleiben die inhaltlichen Änderungen, die auch auditrelevant sein können. Betrachtet man die operativen Normenkapitel 4 bis 10, zeigen sich zwar inhaltliche Änderungen, diese erweisen sich aber als relativ moderat. Deutlich verändert hat sich der Normanhang A. Dieser Anhang wirkt sich direkt auf die Forderung nach Normkapitel 6.1.3 c aus, die da lautet: „die nach 6.1.3 b) festgelegten Maßnahmen sind mit den Maßnahmen in Anhang A.1 zu vergleichen und zu überprüfen, so dass keine erforderlichen Maßnahmen ausgelassen wurden".

Wesentliche inhaltliche Änderungen

Nachfolgend finden Sie in Kürze die wesentlichen inhaltlichen Änderungen in den Normkapiteln 4 bis 10 der ISO 27001:2022. Die bedeutendste Änderung betrifft Normkapitel 4.4 „Informationssicherheitsmanagementsystem" mit der Forderung, die erforderlichen Prozesse und Wechselwirkungen des ISMS zu bestimmen. Damit folgt die ISO 27001 der Prozessorientierung der ISO 9001 und anderer ISO-Managementsysteme.

Eine weitere bedeutsame Änderung ist Normkapitel 6.3 „Planung von Änderungen", das neu hinzugekommen ist. Es besagt: Wenn Änderungen im oder am ISMS notwendig werden sollten, sind diese Änderungen planmäßig durchzuführen. Diese Forderung findet sich gleichlautend auch schon in der ISO 9001; sie ist daher auch nicht wirklich neu, muss jetzt aber auch im ISMS berücksichtigt werden.

An dritter Stelle kommen zwei Forderungen in Normkapitel 8.1 „Betriebliche Planung und Steuerung". In Ergänzung zur Prozessorientierung in Normkapitel 4.4 kommt zum einen die Forderung hinzu, dass es für die Prozesse des ISMS Kriterien geben muss, die zur Prozesssteuerung/Prozessüberwachung herangezogen werden können. Die andere Forderung in diesem Kapitel bezieht sich auf die Beschaffung. Die Organisation muss sicherstellen, dass neben extern bereitgestellten Prozessen auch Produkte und Dienstleistungen mit Relevanz für das ISMS kontrolliert werden, was in der Umsetzung auf eine Überprüfung der Lieferantenleistung vergleichbar mit der ISO 9001, 8.2.3 „Überprüfung der Anforderungen für Produkte und Dienstleistungen", hinausläuft.

An vierter Stelle kommt in Normkapitel 9.1 „Überwachung, Messung, Analyse und Bewertung" die Anforderung zur Bewertung der Informationssicherheitsleistung und der Wirksamkeit des ISMS als Regelaufgabe des ISMS-Controllings hinzu. Die Organisation muss die Informationssicherheitsleistung und die Wirksamkeit des Informationssicherheitsmanagementsystems bewerten.

Des Weiteren gibt es noch fünf kleinere Änderungen oder Ergänzungen in den folgenden Kapiteln:

4.2 „Verstehen der Erfordernisse und Erwartungen interessierter Parteien"

5.3 „Rollen, Verantwortlichkeiten und Befugnisse"

6.2 „Informationssicherheitsziele und Planung zu deren Erreichung"

7.4 „Kommunikation"

9.3 „Managementbewertung"

Änderungen_Normkapitel.xlsx

In der beigefügten Arbeitshilfe sind alle Änderungen der Normkapitel 4 bis 10 der ISO/IEC 27001:2022 im Vergleich zur DIN EN ISO/IEC 27001:2015 in Form einer Verweismatrix zusammengefasst.

Neue Struktur im Normanhang A

Wie bereits erwähnt, ist die Tabelle im Normanhang A im Rahmen der Revision von Grund auf neu strukturiert worden, und keine der bisherigen 114 Sicherheitsmaßnahmen ist unverändert übernommen worden. Auch die Bedeutung für das ISMS hat sich etwas verschoben. Während in der alten Norm noch von einer **umfassenden** Liste von Maßnahmenzielen die Rede ist, ist in der neuen Norm nur noch die Rede von einer **möglichen** Liste von Maßnahmenzielen. Dies bedeutet den Verzicht auf einen Anspruch auf Vollständigkeit von Maßnahmenzielen, die auf eine Organisation anzuwenden sind. Welche Maßnahmenziele explizit für sie gelten, muss die Organisation über ihre Informationssicherheitsrisikobeurteilung (Normkapitel 6.1.2) und ihre Informationssicherheitsbehandlung (Normkapitel 6.1.3) selbst ermitteln. Der Normanhang A.1 dient nur noch dem Vergleich, um zu prüfen, ob das Unternehmen auch alle für ihn wesentlichen Informationssicherheitsmaßnahmen identifiziert hat. Im speziellen Unternehmensfall kann es auch Informationssicherheitsmaßnahmen geben, die nicht im Anhang A.1 gelistet sind.

Was sind die wesentlichen Änderungen des Normanhangs A.1 Die alte ISO/IEC 27001:2013 hatte 14 Themenbereiche (Nr. 5 bis 18), die in 114 einzelne Sicherheitsmaßnahmen unterteilt waren. Die neue ISO/IEC 27001:2022 umfasst nur noch vier Themenbereiche (Nr. 5 bis 8) mit insgesamt 93 Sicherheitsmaßnahmen.

Neue Themenbereiche

Diese vier neuen Themenbereiche sind:

Titel	Sicherheitsmaßnahmen
5 Organisatorische Maßnahmen	37
6 Personelle Maßnahmen	8
7 Physische Maßnahmen	14
8 Technologische Maßnahmen	34

In Summe sind elf neue Sicherheitsmaßnahmen eingeführt worden. Eine Sicherheitsmaßnahme wurde nicht in den neuen Normanhang A übernommen (alt: A.11.2.5 Entfernen von Werten), da nach Auffassung des Normenkomitees dieser Punkt in der alten Sicherheitsmaßnahme A.11.2.6 enthalten war. Damit wurde eine Redundanz beseitigt. In Tabelle 2 sind die elf neu hinzugekommenen Sicherheitsmaßnahmen aufgelistet.

Neue Maßnahmen

Tabelle 2: Neue Sicherheitsmaßnahmen – Tabelle A.1

Nr.	Titel
A.1 5.7	Bedrohungsinformation
A.1 5.23	Informationssicherheit für die Verwendung von Cloud-Services
A.1 5.30	Informations- und Kommunikationstechnologie (IKT) –Bereitschaft für Business Continuity
A.1 7.4	Physische Sicherheitsüberwachung
A.1 8.9	Konfigurationsmanagement
A.1 8.10	Löschung von Informationen
A.1 8.11	Datenmaskierung
A.1 8.12	Verhinderung von Datenlecks
A.1 8.16	Überwachung von Aktivitäten
A.1 8.23	Webfilterung
A.1 8.28	Sicheres Coding

Wie schon erwähnt, ist die Zahl der Sicherheitsmaßnahmen um 23 reduziert worden. Diese sind aber nicht entfallen, sondern wurden nach Gemeinsamkeit des Themas zusammengefasst. Aus zwei oder drei Themen wurde ein Thema. Inhaltlich umfassen diese zusammengefassten Themen aber alle Inhalte der Einzelthemen. Es ist bis auf ein Thema nichts weggefallen, sondern es sind elf weitere Themen hinzugekommen. Damit sind die Anforderungen in Summe nicht geringer geworden, sondern haben sich leicht erhöht, was sich auch in den Audits widerspiegeln wird.

Zusammengefasste Maßnahmen

In Tabelle 3 sind in der linken Spalte die 56 zu nunmehr 24 zusammengefassten Sicherheitsmaßnahmen aufgelistet. Auf der rechten Seite finden sich zugeordnet die ursprünglichen alten Sicherheitsmaßnahmen.

Tabelle 3: Zusammengefasste Informationssicherheitsmaßnahmen im Anhang A.1

ISO/IEC 27001:2022 (neu)		ISO/IEC 27001:2013 (alt)	
A.1 5.1	Informationssicherheitsrichtlinie	A.5.1.1	Informationssicherheitsrichtlinie
		A.5.1.2	Überprüfung der Informationssicherheitsrichtlinie
A.1 5.8	Informationssicherheit im Projektmanagement	A.6.1.5	Informationssicherheit im Projektmanagement
		A.14.1.1	Analyse und Spezifikationen von Informationssicherheitsanforderungen
A.1 5.9	Inventar von Informationen und anderen damit verbundenen Vermögenswerten	A.8.1.1	Inventarisierung von Werten
		A.8.1.2	Zuständigkeit von Werten
A.1 5.10	Akzeptable Nutzung von Informationen und anderen damit verbundenen Vermögenswerten	A.8.1.3	Zulässiger Gebrauch von Werten
		A.8.2.3	Handhabung von Werten
A.1 5.14	Informationsübertragung	A.13.2.1	Richtlinien und Verfahren zur Informationsübertragung
		A.13.2.2	Vereinbarungen zur Informationsübertragung
		A.13.2.3	Elektronische Nachrichtenübermittlung
A.1 5.15	Zugangssteuerung	A.9.1.1	Zugangssteuerungsrichtlinie
		A.9.1.2	Zugang zu Netzwerken und Netzwerkdienstleistern
A.1 5.17	Authentifizierungsinformationen	A.9.2.4	Verwaltung geheimer Authentifizierungsinformationen
		A.9.3.1	Gebrauch geheimer Authentifizierungsinformationen
		A.9.4.3	System zur Verwaltung von Kennwörtern
A.1 5.18	Zugangsrechte	A.9.2.2	Zuteilung von Benutzerzugängen
		A.9.2.5	Überprüfung von Benutzerzugangsrechten
		A.9.2.6	Entzug oder Anpassung von Zugangsrechten

ISO/IEC 27001:2022 (neu)		ISO/IEC 27001:2013 (alt)	
A.1 5.22	Überwachung, Überprüfung und Änderungsmanagement von Lieferantendienstleistungen	A.15.2.1	Überwachung und Überprüfung von Lieferantendienstleistungen
		A.15.2.2	Handhabung von Lieferantendienstleistungen
A.1 5.29	Informationssicherheit bei Störungen	A.17.1.1	Planung zur Aufrechterhaltung der Informationssicherheit
		A.17.1.2	Umsetzung der Aufrechterhaltung der Informationssicherheit
		A.17.1.3	Überprüfen und Bewerten der Informationssicherheit
A.1 5.31	Bestimmen und Umsetzen der anwendbaren gesetzlichen, behördlichen und vertraglichen Anforderungen	A.18.1.1	Bestimmung der anwendbaren Gesetzgebung und der vertraglichen Anforderungen
		A.18.1.5	Regelungen bezüglicher kryptografischer Maßnahmen
A.1 5.36	Einhaltung von Richtlinien, Regeln und Standards für die Informationssicherheit	A.18.2.2	Einhaltung von Sicherheitsrichtlinien und -standards
		A.18.2.3	Überprüfung der Einhaltung von technischen Vorgaben
A.1 6.8	Berichterstattung über Informationssicherheitsereignisse	A.16.1.2	Meldung von Informationssicherheitsereignissen
		A.16.1.3	Meldung von Schwächen in der Informationssicherheit
A.1 7.2	Physische Zutrittssteuerung	A.11.1.2	Physische Zutrittssteuerung
		A.11.1.6	Anlieferungs- und Ladebereiche
A.1 7.10	Speichermedien	A.8.3.1	Handhabung von Wechseldatenträgern
		A.8.3.2	Entsorgung von Datenträgern
		A.8.3.3	Transport von Datenträgern
A.1 8.1	Benutzerendpunktgeräte	A.6.2.1	Richtlinien zu Mobilgeräten
		A.11.2.8	Unbeaufsichtigte Benutzergeräte
A.1 8.8	Handhabung von technischen Schwachstellen	A.12.6.1	Handhabung von technischen Schwachstellen
		A.18.2.3	Überprüfung der Einhaltung von technischen Vorgaben
A.1 8.15	Protokollierung	A.12.4.1	Ereignisprotokollierung
		A.12.4.2	Schutz der Protokollinformationen
		A.12.4.3	Administratoren- und Bedienerprotokolle
A.1 8.19	Installation von Software auf Systemen im Betrieb	A.12.5.1	Installation von Software auf Systemen im Betrieb
		A.12.6.2	Einschränkung von Softwareinstallation
A.1 8.24	Einsatz von Kryptografie	A.10.1.1	Richtlinien zum Einsatz von kryptografischen Maßnahmen
		A.10.1.2	Schlüsselverwaltung
A.1 8.26	Anforderungen an die Anwendungssicherheit	A.14.1.2	Sicherung von Anwendungsdiensten in öffentlichen Netzwerken
		A.14.1.3	Schutz der Transaktion bei Anwendungsdiensten
A.1 8.29	Sicherheitstests in Entwicklung und Abnahme	A.14.2.8	Testen der Systemtechnik
		A.14.2.9	Systemabnahmetest
A.1 8.31	Trennung von Entwicklungs-, Test- und Produktionsumgebung	A.12.1.4	Trennung von Entwicklungs-, Test- und Produktionsumgebungen
		A.12.2.6	Sichere Entwicklungsumgebung
A.1 8.32	Änderungssteuerung	A.12.1.2	Änderungssteuerung
		A.14.2.2	Verfahren zur Verwaltung von Systemänderungen
		A.14.2.3	Technische Überprüfung von Anwendungen nach Änderungen an der Betriebsplattform
		A.14.3.4	Beschränkung an Änderungen von Softwarepaketen

In der Arbeitshilfe sind alle Änderungen von DIN EN ISO/IEC 27001:2015, Anhang A, zu ISO/IEC 27001:2022, Anhang A.1, in Form einer Verweismatrix aufgelistet.

Änderungen_ Anhang.xlsx

4.3 Verbindung zur neuen ISO/IEC 27002:2022

Einige Monate vor der ISO/IEC 27001:2022 ist die ISO/IEC 27002:2022 „Informationssicherheit, Cybersicherheit und Schutz der Privatsphäre – Informationssicherheitsmaßnahmen“ [8] erschienen. Diese Norm ist als Leitfaden konzipiert und steht in direkter Beziehung zur ISO/IEC 27001:2022, indem sie eine Hilfestellung bei der Implementierung und Umsetzung des Informationssicherheitsmanagementsystems (ISMS) gibt. Die Gliederung entspricht ab Kapitel 5 bis 8 den vier Hauptthemen der Tabelle des Normanhangs A.1 der ISO 27001:2022 (organisatorische, physische, personenbezogene und technologische Maßnahmen). Die dazu gehörenden Unterkapitel haben direkten Bezug zu den Informationssicherheitsmaßnahmen in der Tabelle A.1 des Anhangs und erläutern, was z. B. unter 5.2 „Informationssicherheitsrollen und -verantwortlichkeiten“ über das allgemeine Normenkapitel 5.3 „Rollen, Verantwortlichkeiten und Befugnisse“ hinausgehend spezifisch für das ISMS zu beachten ist.

Die Normenkapitel 1 „Anwendungsbereich“, 2 „Normative Verweisungen und 3 „Begriffe und Abkürzungen“ enthalten die für ISO-Managementsystemnormen allgemeinen einführenden Inhalte. Das Normkapitel 4 „Aufbau des Dokuments“ gibt einen Überblick darüber, wie man mit den Themen und Attributen (charakteristische Eigenschaft) im Rahmen der Informationssicherheit umgehen soll. Insbesondere das Normkapitel 4.2 „Themen und Attribute“ und das Normkapitel 4.3 „Maßnahmengestaltung“ geben Aufschluss darüber wie die neuen Themen in den Normenkapiteln 4 bis 8 der ISO/IEC 27002:2022 zu verstehen sind.

Fünf Bewertungspunkte

Zu jeder der insgesamt 93 einzelnen Sicherheitsmaßnahmen existiert eine Tabelle mit folgenden fünf Bewertungspunkten (Attributen) und wofür sie stehen:

- **Maßnahmenart:** Steht für die Sicht auf die Maßnahmen unter dem Gesichtspunkt, wann und wie eine getroffene Maßnahme das Risiko bezüglich des Auftretens eines Informationssicherheitsvorfalls verändert.
- **Informationssicherheitseigenschaften**: Es definiert die Maßnahmen unter dem Gesichtspunkt, welches Schutzziel durch die Maßnahmen unterstützt werden soll.
- **Cybersicherheitskonzepte:** Betrachtet die Maßnahme aus der Perspektive der Zuordnung von Maßnahmen zu dem in der ISO/IEC TS 27110 beschriebenen Cybersicherheitsrahmenwerk.
- **Operative Fähigkeiten:** Betrachtet die Maßnahmen aus der Perspektive der operativen Informationssicherheitsfähigkeiten und unterstützt die praktische Anwendersicht auf die Maßnahmen.
- **Sicherheitsdomänen**: Ist ein Attribut, mit dem Maßnahmen aus der Perspektive von vier Informationssicherheitsdomänen betrachtet werden können.

Bewertungsmöglichkeiten

Welche Möglichkeiten der Bewertung es für jeden Bewertungspunkt (Attribut) gemäß ISO 27002:2022 gibt, zeigt Tabelle 4.

Tabelle 4: Bewertung der Informationssicherheitsmaßnahmen

Bewertungspunkte				
Maßnahmenart	Informationssicherheitseigenschaften	Cybersicherheitskonzepte	Operative Fähigkeiten	Sicherheitsdomänen
Präventiv	Vertraulichkeit	Identifizieren	Führung	Führung
Detektiv	Integrität	Schützen	Wertemanagement	Ökosystem
Korrektiv	Verfügbarkeit	Erkennen	Informationsschutz	Schutz
		Reagieren	Personalsicherheit	Verteidigung
		Wiederherstellen	Physische Sicherheit	Widerstandsfähigkeit
			System- und Netzwerksicherheit	
			Anwendungssicherheit	
			Sichere Konfiguration	
			Identitäts- und Zugriffsmanagement	
			Bedrohungs- und Verwundbarkeitsmanagement	
			Kontinuität	
			Sicherheit in der Lieferantenbeziehung	
			Recht und Compliance	
			Management von Informationssicherheitsereignissen	
			Gewährleistung der Informationssicherheit	

Mindestens eine der oben genannten Möglichkeiten muss für jede Spalte ausgewählt werden. Es können aber ggf. auch mehrere sein. Als Beispiel der Vorgehensweise für eine Bewertung ist hier die Maßnahme 5.1 „Informationssicherheitsrichtlinie" ausgewählt worden.

Beispiel

Maßnahmenart:	Präventiv
Informationssicherheitseigenschaften:	Vertraulichkeit, Integrität, Verfügbarkeit
Cybersicherheitskonzepte:	Schützen
Operative Fähigkeiten	Anwendungssicherheit, System- und Netzwerksicherheit
Sicherheitsdomänen	Schutz

Sechs Schritte

Der Aufbau einer Informationssicherheitsmaßnahme hat sich strukturell leicht verändert. Die Systematik besteht aus sechs Schritten, die wie folgt lauten:

1. **Sicherheitsmaßnahmentitel:** Kurzer Name der Maßnahme (z. B. 5.1 Informationssicherheitsrichtlinie).

(Anmerkung: Ist auch Bestandteil der Tabelle des Normanhangs A.1 der ISO/IEC 27001:2022)

2. **Attributentabelle:** Damit ist die Tabelle zur Bewertung der Informationssicherheitsmaßnahme gemeint (siehe vorangegangenes Beispiel zu 5.1 „Informationssicherheitsrichtlinie").

3. **Sicherheitsmaßnahmenbeschreibung:** Kurze Beschreibung der Informationssicherheitsmaßnahme, um weitere Erläuterungen zur Erklärung des Sicherheitsmaßnahmentitels zu geben.

(Anmerkung: Ist auch Bestandteil der Tabelle des Normanhangs A.1 der ISO/IEC 27001:2022)

4. **Zweck der Sicherheitsmaßnahme**: Erläuterung des Zwecks der Maßnahme und was sie bewirken soll (positiver Nebeneffekt: Dies schafft Klarheit und verhindert Diskussionen im Audit.)
5. **Orientierungshilfe:** Sie ist als Implementierungsanleitung für die Informationssicherheitsmaßnahme zu verstehen, im Sinne von „So kann man es in der Praxis machen".

(Anmerkung: Man kann es aber auch anders machen, der Anwender hat da die freie Entscheidung)

6. **Sonstige Informationen:** Weitere erläuternde Texte oder Verweise auf andere zugehörige dokumentierte Informationen.

Normanhang A

Zum Abschluss der Norm gibt es noch den Anhang A mit zwei Unterkapiteln (A.1 „Allgemeines und A.2 Organisatorische Sichten"), sowie den Anhang B als Verweismatrix zwischen der neuen ISO/IEC 27002 aus 2022 und der alten aus 2013. Die Tabelle im Anhang A.1 der ISO/IEC 27002:2022 ist identisch mit dem gleichnamigen Anhang A.1 in der ISO/IEC 27001:2022.

Die Hintergründe und Verbesserungen des Leitfadens ISO 27002:2022 zu kennen ist für das Auditieren eines ISMS von großer Bedeutung, da sich aus der Zusammensetzung der fünf bewerteten Informationssicherheitsmaßnahmen (s. Beispiel Maßnahme 5.1) vertiefende Auditfragen ableiten lassen, z. B.: Welche Funktion hat die Informationsrichtlinie im ISMS? Antwort: Sie soll über die Bewusstseinsebene präventive Wirkung bei den beteiligten Personen (intern wie extern) entfalten. Es lohnt sich also für einen internen Auditor im Informationssicherheitsmanagement, neben der ISO/IEC 27001:2022 als Zertifizierungsnorm auch den unterstützenden Leitfaden ISO/IEC 27002:2022 zu kennen, um daraus ggf. vertiefende Auditfragen ableiten zu können.

5 Methoden zur Generierung von Auditfragen

5.1 Allgemeines

Vorbereitung

Eine gute Vorbereitung ist unabdingbar für die Durchführung eines erfolgreichen Audits. Man kann aber schnell zu viel des Guten tun, und dann stehen Aufwand und Nutzen nicht mehr im rechten Verhältnis. Dies passiert häufig neuen Auditoren bei der Vorbereitung der Auditfrageliste.

Auditfrageliste

Die Auditfrageliste ist das wichtigste Arbeitsdokument für den Auditor. Die Frageliste soll dem Auditor als Leitfaden dienen. Sie sollte nicht so umfassend sein, dass der Auditor sich darin verstrickt. Das erhöht nur die Vorbereitungszeit, verbessert aber nicht die Qualität des Audits, weil die meisten Fragen überhaupt nicht gestellt werden. Trotzdem muss auch unter Zeitgesichtspunkten nach relevanten Details gefragt werden, die nötig sind, um den Auditumfang angemessen abzudecken.

Element zur Strukturierung des Audits

Da Managementsystemnormen, wie auch die ISO/IEC 27001, hinsichtlich der Themenfülle sehr umfangreich sind, ist eine strukturierte Frageliste hilfreich. Das heißt jedoch nicht, dass sie als Abfrageliste verstanden werden soll, sondern als Element zur Strukturierung eines Audits. Sie spiegelt wider, wie wichtig ein Auditor das Audit nimmt, und hinterlässt somit einen positiven Eindruck bei den Auditierten. Eine angemessene Vorbereitungszeit zahlt sich daher aus, da das Audit durch den Fragenkatalog einen roten Faden hat, der den Auditor zum Ziel lenkt.

Erfahrene Auditoren formulieren die Auditfragen im Sinne einer Aufwandsminimierung aber nicht mehr vollständig aus, sondern begnügen sich mit Stichworten, anhand deren man das Audit durchführt.

Leitfaden

Die Frageliste dient dem Auditor als Leitfaden, sie umfasst aber nicht die gesamte Auditkommunikation.

In den Normen finden wir keine konkreten Hinweise darauf, wie eine solche Frageliste zu erstellen ist und was deren Inhalte sein sollen. Für das Erstellen muss der Auditor entscheiden, welche Quellen er für seine Fragen benutzen möchte. Neben den Normen und rechtlichen Vorgaben können noch weitere wichtige Quellen herangezogen werden (s. Abbildung 3).

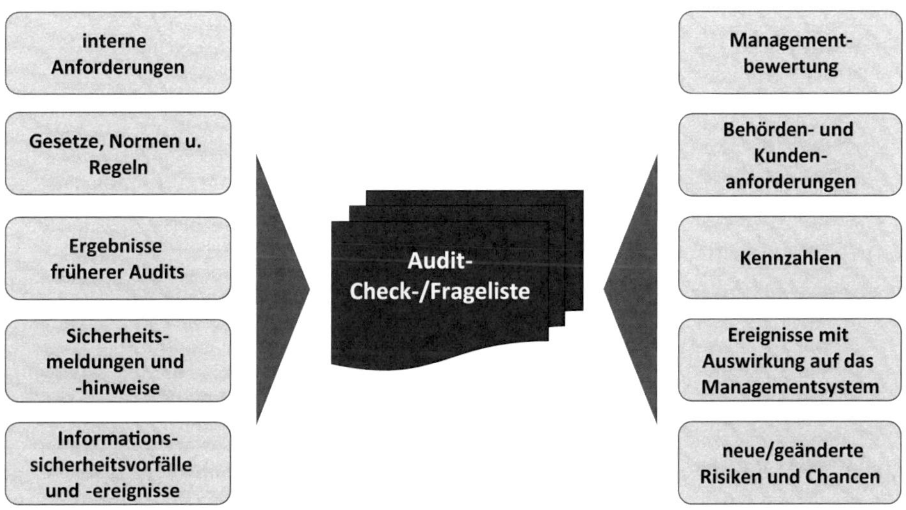

Abb. 3: Informationsquellen für Auditfragen

Letztes Audit nicht vergessen!

So sollten bei der Erstellung der Frageliste ebenso die Ergebnisse früherer Audits berücksichtigt werden. Jeder gute Auditor verifiziert, ob Abweichungen des letzten Audits oder angenommene Verbesserungsvorschläge auch dauerhaft wirksam umgesetzt worden sind. Auch wie mit festgelegten

Maßnahmen aus dem letzten Management-Review verfahren worden ist, gehört zu den möglichen Auditfragestellungen. Weitere Fragestellungen zur Informationssicherheit können sich ergeben aus:

- der Prozessleistungsbewertung durch Kennzahlen sowie der Kontrolle der Einhaltung von Sicherheitsvorgaben,
- neuen Kundenanforderungen, z. B. aufgrund neuer Sicherheitsprozeduren oder technischer Innovationen,
- neuen rechtlichen Anforderungen, z. B. infolge veränderter gesetzlicher Vorgaben (z. B. DSGVO),
- internen Anforderungen, z. B. aus geänderten oder neuen Prozessen und IT-Strukturen,
- aktuellen Sicherheitsproblemen in Prozessen oder IT-Systemen,
- weiteren Themenstellungen zu wesentlichen betrieblichen oder branchenbezogenen Ereignissen,
- neue Technologien in der IKT, z. B. Cloudservices.

Gesamtheitlichkeit

Die Quellen, aus denen sich Auditfragen ergeben können, sind vielfältiger Natur. Ein ISMS ist für ein Unternehmen in der Regel mehr als nur die Umsetzung von Normenforderungen. Es ist die Festlegung aller betrieblichen Abläufe und Verantwortlichkeiten zum Thema Informationssicherheit.

Methoden

Um Auditfragen herzuleiten, sind heute zwei Methoden gebräuchlich. Dies ist zum einen die Textanalyse der Norm und zum anderen die Prozessanalyse mittels eines Turtle-Diagramms. Wir müssen uns aber nicht zwingend für ein Verfahren entscheiden; es können auch beide Verfahren kombiniert verwendet werden. Im Folgenden werden Ihnen beide Methoden vorstellt.

5.2 Textanalyse der Norm

Analyse der Normforderungen

In der Textanalyse werden die Auditfragen aus den Forderungen der Norm, z. B. der ISO/IEC 27001:2022 und ihrer Umsetzung in die betriebliche Praxis, entwickelt. In den folgenden vier Schritten kann daraus eine Frageliste erstellt werden:

Planungsschritte

1. Textanalyse, d. h., die Norm wird abschnittsweise gelesen und die darin enthaltenen Anforderungen werden je Textzeile markiert.
2. Aus diesen Anforderungen (z. B.: „muss festgelegt, muss durchgeführt, muss erstellt werden", ...) wird eine Maßnahme für den Aufbau des ISMS abgeleitet. Aus den Anforderungen entstehen Kernfragen (z. B. „Gibt es einen Auditplan? Wie ist festgelegt, dass ...?").
3. Aus den ISM-Maßnahmen, insbesondere aus den Vorgabedokumenten des aufgebauten ISMS, entstehen weitere Kernfragen.
4. Aus den Kernfragen werden detaillierte Fragen unter Berücksichtigung des Personals, der Organisationseinheiten oder Tätigkeiten des Unternehmens ausformuliert und in einer Auditfrageliste zusammengefasst und strukturiert.

Diese Planungsschritte zeigen, dass die einzelnen Anforderungen der Norm die Grundlage für die Erstellung einer Frageliste für ein Systemaudit bilden. Die Frageliste muss sowohl die Anforderungen der Norm als auch die daraus resultierenden unternehmensspezifischen ISM-Maßnahmen berücksichtigen.

Schematisch lässt sich die Erstellung einer Frageliste darstellen wie in Abbildung 4 gezeigt.

Generierung von Auditfragen

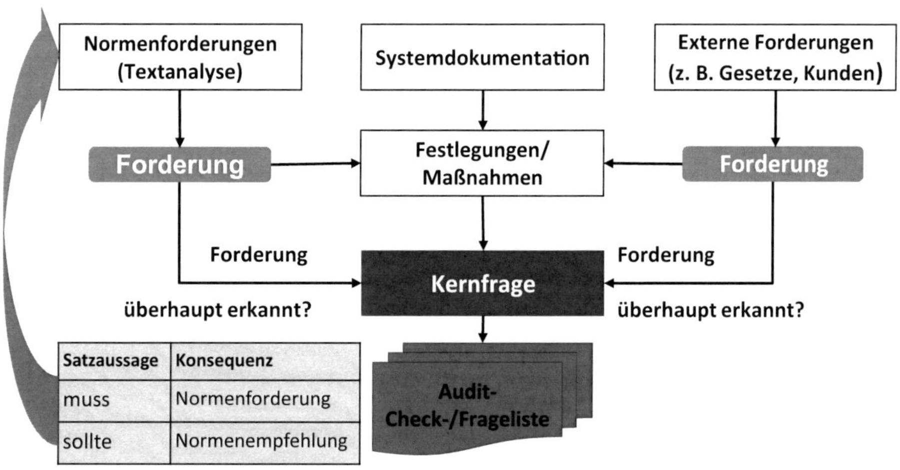

Abb. 4: Herleitung von Auditfragen – Textanalyse (1)

Regelwerksforderungen

Aus den Forderungen der Regelwerke (Normen, Gesetze) lassen sich dann detaillierte Fragen ableiten, indem man überprüft, ob die Regelwerksforderung in der ISM-Systemdokumentation berücksichtigt ist. In einem guten ISMS sollte dies der Fall sein. Dann ist zu hinterfragen, ob die Umsetzung am Arbeitsplatz so erfolgt, wie es die Vorgaben der Systemdokumentation vorsehen. Ein guter Auditor sollte dabei auch überprüfen, ob es eine hinreichende Nachweisführung gibt.

Zwei Beispiele für abgeleitete Auditfragen aus der ISO/IEC 27001 sind Abbildung 5 zu entnehmen.

Aus Normenforderung	Aus ISMS-System Inhalt von Anweisungen/ Anordnungen	Auditfrage
Welches sind die geforderten/empfohlenen einzelnen Anforderungen?	Welches Verfahren oder welche Methode wird angewendet?	Wie wird der Sachverhalt in der Umsetzung sichergestellt?
Beispiele zur Herleitung von Auditfragen aus der Textanalyse		
Beispiel 1 Informationssicherheitsziele und Planung zu deren Erreichung (Kap. 6.2)	Verfahren zur Zieledefinition und Umsetzungsplanung der Ziele	Wie werden Ziele zum ISMS festgelegt und deren Umsetzung abgesichert?
Beispiel 2 Informationssicherheitsrisikobehandlung (Kap. 8.3)	Plan zur Informationssicherheitsrisikobehandlung und Nachweisführung	Wie ist das Vorgehen bei der Informationssicherheitsrisikobehandlung, und wie lässt es sich nachweisen?

Abb. 5: Herleitung von Auditfragen – Textanalyse (2)

Fragelisten zur Durchführung von Audits entstehen aus der Analyse der Anforderungen der entsprechenden Regelwerke (Normen, Gesetze, etc.) und den betriebsinternen Vorgabedokumenten.

5.3 Frageliste zur ISO/IEC 27001

Fragenkatalog_27001.docx

Eine mittelsTextanalyse der ISO/IEC 27001:2022 entwickelte Frageliste für das interne Systemaudit ist zur weiteren Nutzung beigefügt. Im Anhang 1 dieser Broschüre ist Sie zudem vollständig abgedruckt. Der Aufbau der Frageliste orientiert sich an der Kapitelstruktur der ISO/IEC 27001. Neben den Auditfragen enthält der Fragenkatalog noch eine Auswahl an Nachweisbeispielen zu jeder Auditfrage, die zur Feststellung des Sachverhalts, der sich aus der Auditfrage ergibt, herangezogen werden können. Die Liste ist noch um spezifische das Unternehmen betreffende Auditfragen oder Nachweisbeispiele zu ergänzen.

Um die sich aus den Kernprozesse und den wesentlichen Unterstützungsprozessen ergebenden Wechselwirkung zu berücksichtigen, bietet es sich an weitere Auditfragen mittels einer Turtle-Analyse (s. Abschnitt 5.4) zu generieren und im Fragenkatalog zu integrieren. Der so erweiterte Fragenkatalog deckt dann zunehmend die Möglichkeiten bezüglich eines umfassenden internen Audits ab und kann als Einstiegshilfe und Schulungsunterlage für die Ausbildung neuer Auditoren genutzt werden.

5.4 Turtle-Methode

Wechselwirkungen zwischen Prozessen analysieren

Neben der Textanalyse von Normen wird in der Praxis eine zweite systematische Möglichkeit zur Generierung von Auditfragen genutzt, die Turtle-Methode. Die ISO 9001 (Normkapitel 0.3) definiert den prozessorientierten Ansatz, d.h., die Prozesse einer Organisation bilden ein Netzwerk, in dem die einzelnen Prozesse untereinander interagieren. Dieser prozessorientierte Ansatz ist im Grundsatz auf alle ISO-Managementsysteme übertragbar, auch auf die ISO/IEC 27001.

Managementsysteme als Prozesslandschaft

Heutige Managementsysteme, insbesondere integrierte Systeme (IMS), sind in der Regel prozessbezogen aufgebaut, weil so die Wechselwirkungen der Wertschöpfungsprozesse untereinander wie auch mit den Unterstützungs- und Führungsprozessen berücksichtigt werden können. Im Rahmen einer Textanalyse werden die Normenforderungen zwar vollständig erfasst, aber die Wechselwirkung der Forderungen in den Prozessen bleibt unberücksichtigt, das bedeutet z.B., die Lenkung dokumentierter Information als Unterstützungsprozess findet in fast allen Prozessen der Organisation statt. Die Anforderungen an die Lenkung finden sich in der ISO/IEC 27001 aber nur im Normkapitel 7.5. Es gibt eine ganze Reihe von Prozessen in ISO-basierten Managementsystemen, die solche übergreifenden Querschnittsfunktionen für die anderen Prozesse haben. Zu nennen sind für die ISO/IEC 27001 z.B.:

- Risiken und Chancen – Allgemeines (Normkapitel 6.1.1)
- Dokumentierte Information (Normkapitel 7.5)
- Kompetenz (Normkapitel 7.2)
- Interne Audits (Normkapitel 9.2)
- Nichtkonformitäten und Korrekturmaßnahmen (Normkapitel 10.2)

Diese übergreifenden Prozesse finden an vielen Stellen des ISMS Anwendung und sollten im Audit auch an vielen Stellen geprüft werden und nicht nur an einer Stelle.

Prozessübergreifend arbeiten

Bei einem nach der Nachweisnorm ISO/IEC 27001 durchgeführten Audit sollte daher der Prozessbezug der Auditfrageliste mittels der Turtle-Methode Berücksichtigung finden. In der Praxis sollte für die wesentlichen Prozesse (meist die Kernprozesse) ergänzend zur Textanalyse auch eine Turtle-Analyse durchgeführt werden. Damit ist gewährleistet, dass die einzelnen ISMS-Forderungen prozessübergreifend erfasst werden und für jeden Prozess die unterschiedlichen Anforderungen der Norm bezüglich dieses Prozesses Berücksichtigung finden.

Transparenz

Das Turtle-Modell (Schildkrötenmodell) stammt aus dem Prozessmanagement und ist zuerst von QM-Auditoren im Bereich Automotive verwendet worden. Heute findet sie an vielen Stellen in Auditprozessen von Managementsystemen Anwendung. Die Methode stellt Schnittstellen und Abhängigkeiten im Prozess dar und sorgt gleichzeitig für Transparenz rund um den Prozess. Die Methode trägt eine Vielzahl von Fakten im Hinblick auf den zu betrachtenden Prozess zusammen. Sie verdeutlicht dem Auditor aufgrund der Darstellungsform den Prozess und sein Umfeld. Abbildung 6 zeigt das Prinzip des Turtle-Modells.

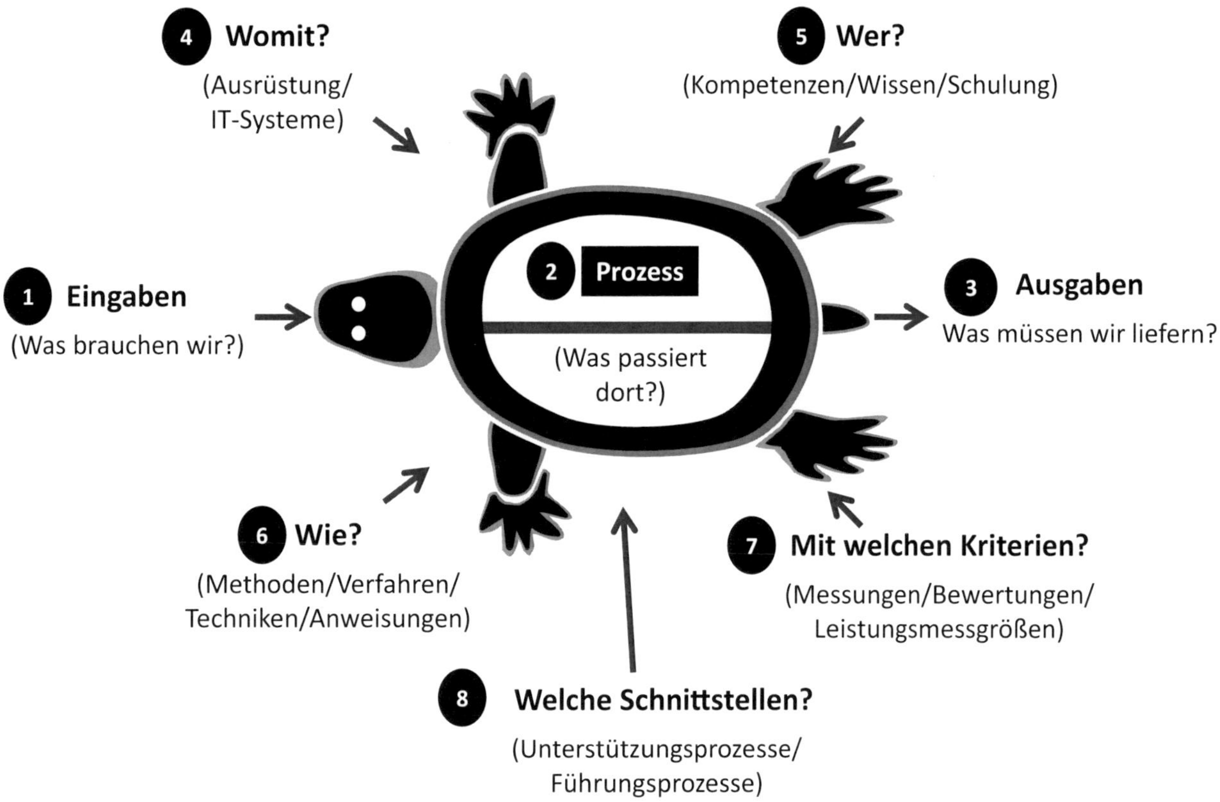

Abb. 6: Herleitung von Auditfragen – Turtle-Methode

Der Kopf der Schildkröte

Position (1) bildet den Kopf der Schildkröte. Er legt fest, welche Eingaben an materiellen Gütern, aber auch immateriellen Informationen (z. B. Kundenanforderungen zum Datenschutz, rechtliche Anforderungen) in den Prozess eingehen.

Der Körper der Schildkröte

Position (2) ist der Leib der Schildkröte. Er bildet den Prozess in seinem Verlauf ab: Wie ist der Ablauf des Prozesses geregelt, mit welchen Verantwortlichkeiten und welcher dokumentierten Information in den einzelnen Arbeitsschritten? Wesentlich sind die Vollständigkeit sowie die Schlüssigkeit des Prozesses.

Der Schwanz der Schildkröte

Position (3) ist der Schwanz der Schildkröte. Dort werden alle Ergebnisse des Prozesses eingetragen. Das können genau wie bei den Eingaben materielle Güter, aber auch immaterielle Ergebnisse wie z. B. Aufzeichnungen oder Informationen sein.

Die Beine der Schildkröte

Die vier Beine der Schildkröte stellen die Stützen des Prozesses dar, die für die Funktionsfähigkeit der Prozesse wesentlich sind:

- die materiellen Ressourcen (4),
- die personellen Ressourcen (5),
- vorhandene Instrumente (6),
- Leistungsindikatoren der betrachteten Prozesse (7).

Schnittstellen

Neben den vier ursprünglichen Beinen hat sich im Rahmen der Anwendung des Turtle-Diagramms zur Auditvorbereitung eine weitere Stütze entwickelt (8). In ihr werden die Schnittstellen zu anderen Prozessen des ISMS dargestellt, die direkt auf den zu analysierenden Prozess einwirken.

Fünf Stützfunktionen

Abbildung 7 zeigt Beispiele für die Stützfunktionen der fünf Turtle-Beine.

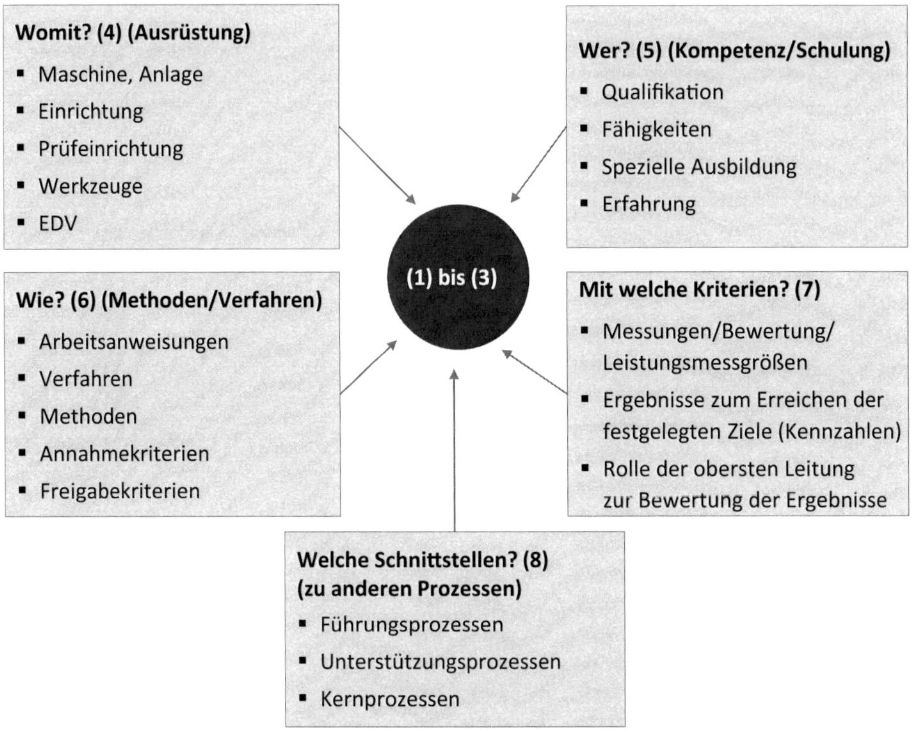

Abb. 7: Die fünf Stützen des Turtle-Diagramms

Risiken

Die einzelnen Prozessbestandteile und die Schnittstellen zu anderen Prozessen bergen Risiken in sich, die erkannt und entsprechend abgesichert werden müssen (ggf. durch Festlegung weiterer Führungs- und/oder Unterstützungsprozesse).

Schwachstellen erkennen

Für die Auditplanung und -durchführung ist es wichtig, im Rahmen der Prozessanalyse Schwachstellen in der Organisation zu erkennen und systematisch zu hinterfragen, durch welche organisatorischen Maßnahmen die vorhandenen Risiken ausgeschlossen werden können. Diese detaillierte Analyse und die Auditierung der Prozesse anhand des Turtle-Modells machen für das Unternehmen den besonderen Mehrwert gegenüber den Audits auf der Basis einer Textanalyse der Norm aus.

Beispiel Handhabung von Datenträgern

Die Entsorgung von Datenträgern wird an einen Dienstleister vergeben, der hinsichtlich der ordnungsgemäßen Datenvernichtung nicht überwacht wird. Damit können sensible Daten in unbefugte Hände fallen. Der Prozess der Informations- und Datenträgervernichtung ist hinsichtlich Vorgaben und Kontrollen so abzusichern, dass es zu keinen Daten- und Informationslecks kommen kann.

Turtle-Analyse_27001.docx

Über ein strukturiertes Formular (Turtle-Diagramm) werden alle relevanten Einflussfaktoren erfasst, und zudem wird der Prozess nachvollziehbar analysiert. Sinnvollerweise werden im Formular weitere Informationen zu Prozesseigner, Prozessbezeichnung und die „Beine" erfasst. Aus dem fertig ausgefüllten Formular lassen sich dann direkt prozessrelevante Auditfragen ableiten. In der Abbildung 8 ist beispielhaft eine Vorlage für eine Turtle-Analyse des Prozesses „Interne Audits" dargestellt. Die Vorlage ist zudem als direkt verwendbare Arbeitshilfe beigefügt.

Generierung von Auditfragen

Firma:	**Musterfeld GmbH**	**Prozessverantwortlicher:**	**Anja Schmitz**
Prozess:	**Internes Audit**	**Erstellungsdatum:**	**xx.xx.20xx**

4) Ressourcen: Womit? (Ausrüstung)
DV-Programm „Audit-Pro"

5) Wer?
(Kompetenz/Schulung)
Leitender Auditor (5 Jahre Berufserfahrung, min. 12 Audits)
Co-Auditor (3 Jahre Berufserfahrung, 3 Audits Hospitant)
Auditorenausbildung (min. 16 h)
Normenschulung pro Norm (min. 16 h)

1) Prozesseingaben?
Letztes Management-Review
Letzte Auditberichte
Letzte Berichte Kunden-/Konzernaudits
Letzte Informationssicherheitsberichte
Normen (DIN EN ISO 27001:2022, DIN EN ISO 19011:2018)
Auditprogramm

2) Prozess? – ggf. Beschreibung
Lenkungsvorgaben für Dokumentation vorhanden
Prozessverantwortliche benannt
Verantwortlichkeiten im Prozess geregelt
Eingaben-/Ausgabendokumente für Tätigkeiten vorhanden
Ablauf logisch nachvollziehbar

3) Prozessausgaben?
Auditbericht
Liste Auditfeststellungen
(Abweichungen und Empfehlungen)
ggf. Auditfolgemaßnahmen

6) Wie?
(Methoden/Verfahren/Techniken/Anweisungen)
Prozessbeschreibung: Interne Audits
Arbeitsanweisung: Erstellung Auditbericht
Methoden: Prüfung dokumentierter Information, Interviews, Beobachtung

7) Messbarkeit: Mit welchen Kriterien?
(Messungen/Bewertungen/Leistungsmessgrößen)
Termingerechte Auditdurchführung (95 % aller Audits zum geplanten Termin)
Termingerechte Abweichungsbeseitigung (90 % aller Abweichungen in 12 Wochen geschlossen)

8) Welche Schnittstellen?
Schnittstellen: Wechselbeziehungen? (andere Prozesse/Festlegungen)
Prozessbeschreibung: Interne Audits
Prozessbeschreibung: Management-Review
Prozessbeschreibung: Mitarbeiter qualifizieren

Abb. 8: Vollständige Turtle-Analyse

Nachfolgend finden Sie einfache Beispiele für aus den Prozessen abgeleitete Auditfragen, die eine reine Textanalyse der Norm so nicht liefern kann. Aus der Prozessdarstellung im Turtle-Diagramm sind sie jedoch direkt ablesbar.

- Zu Punkt 4: Wenn erkennbar ist, dass ein Prozess zur Ausführung IT-Equipment benötigt, kann z. B. der Einfluss der gesicherten Verfügbarkeit hinterfragt werden.
- Zu Punkt 5: Wenn für einen Systemadministrator eine bestimmte Zusatzqualifikation hinsichtlich Datensicherheitstechnologie gefordert ist, dann kann das mit einer Auditfrage hinterfragt werden.
- Zu Punkt 6: Wenn die Zugangsbenutzerverwaltung für die IT keine klare Regelung zu sicheren Anmeldeverfahren enthält, ist das eine schwerwiegender Sicherheitsmangel, und die Ursache ist im Audit zu klären.
- Zu Punkt 7: Wenn z. B. in der Prozessbeschreibung „Netzwerksicherheit" keine klare Verantwortlichkeitszuordnung für den Prozess erkennbar ist, kann hinterfragt werden, warum das so ist.
- Zu Punkt 8: Wenn im Prozess „Verschlüsslung von Daten" Nachweise gefordert sind, aber der Bezug zum mitgeltenden Prozess „Dokumentierte Information" fehlt, ist der Sachverhalt zu hinterfragen.

Zur Erstellung eines umfassenden Auditfragenkatalogs ist es neben der Textanalyse immer sinnvoll, ergänzend die Turtle-Analyse heranzuziehen. Neben den Kernprozessen werden zunehmend auch wesentliche Unterstützungsprozesse, die für das reibungslose Funktionieren der Kernprozesse unerlässlich sind (z. B. Instandhaltung oder Kompetenz), einer Turtle-Analyse unterzogen.

Alle Veränderungen berücksichtigen

Die bereits dokumentierten vorhandenen Turtle-Analysen sollten vor jedem Audit überprüft werden. Schließlich ist ein ISMS lebendig, d. h. dynamisch. Alle Veränderungen von Prozessen oder dem System sollten entsprechend in der Frageliste berücksichtigt werden.

6 Kommunikationsverhalten

Kommunikation

Die Befragung von Mitarbeitern ist ein zentrales Mittel der Auditierung von Managementsystemen. Basis der Befragung ist die zwischenmenschliche Kommunikation. Es geht dabei im Speziellen um relevante Gesprächsführungstechniken sowie die richtige Fragetechnik.

Die menschliche Kommunikation ist immer ein Austausch zwischen mindestens zwei Personen. Grundlage jeder Kommunikation ist die Information, d. h. eine Nachricht, eine Aussage, die von einem Sender an einen Empfänger weitergegeben wird und umgekehrt.

Sach- und Beziehungsebene

Die Kommunikation vollzieht sich jedoch immer auf unterschiedlichen Ebenen, der Sach- bzw. der Beziehungsebene. Auf der Sachebene geht es um einen bestimmten Inhalt, eine Frage, ein Problem sowie um ein Ziel. Auf der Beziehungsebene geht es um das Verhältnis zwischen den Menschen, die miteinander kommunizieren. Diese Beziehungen sind eingefärbt durch Erwartungen, Erfahrungen, Motive und Wünsche. Dies ist die persönliche Ebene der Kommunikation, die sowohl zu Einverständnis und Harmonie als auch zu Konflikten führen kann.

Im Gespräch bzw. in der Kommunikation sind immer beide Ebenen miteinander verknüpft. Eine Diskussion über bestimmte Sachfragen z. B. wird anders verlaufen, wenn die Gesprächspartner von der Kompetenz und der Vertrauenswürdigkeit des jeweils anderen ausgehen, als wenn sie starke Vorbehalte gegeneinander haben. Daher ist die Berücksichtigung beider Ebenen für eine Kommunikation, die gelingen soll, wichtig.

Erfolgreiche Kommunikation

Das persönliche Gespräch ist die Urform der Kommunikation (Herstellen von Gemeinsamkeiten). Soll es erfolgreich verlaufen, setzt dies die Gemeinsamkeit der Interessen, Offenheit und gegenseitiges Vertrauen voraus. Erst dann kann das Ziel des Gesprächs, nämlich eine sachlich angemessene Übereinkunft herzustellen, erreicht werden. Die Gesprächsführung bei der Auditierung vor Ort hat immer das Ziel, eine auf die Sache bezogene Übereinkunft herzustellen.

Für ein angemessenes Audit muss der Auditor stets die drei folgenden Komponenten der Kommunikation beachten:

- Verbale Kommunikation

Die verbale Komponente umfasst die Inhalte des Sprechens einschließlich struktureller und stilistischer Fragen. Dazu gehört im Prinzip alles, was sich ohne inhaltlichen Verlust auch schriftlich ausdrücken lässt.

- Paraverbale Kommunikation

Die paraverbale Komponente enthält die nichtinhaltlichen, hörbaren Bestandteile des Sprechens. Das umfasst sowohl die individuellen Eigenschaften des Sprechers (Stimmlage, Resonanzraum etc.) als auch das Sprechverhalten (Lautstärke, Tempo, Melodik, Artikulation).

- Nonverbale Kommunikation

Zur nonverbalen Komponente gehören die visuell wahrnehmbaren körpersprachlichen Aspekte der Kommunikation. Dazu gehören Gestik, Mimik und körpersprachliche Signale sowie Bewegungsmuster, Nähe oder Distanz, die Pupillengröße des Gegenübers oder vegetative Symptome (z. B. Erröten, Schwitzen).

Als Grundregel zur Abgrenzung zwischen der paraverbalen und der nonverbalen Komponente kann gelten, dass man Paraverbales hört und Nonverbales sieht. Die verbale Kommunikation in einem Audit steht für einen bestimmten Inhalt, z. B. welche Ursachen auftretende Probleme haben. Die para- und nonverbale Kommunikation begleitet die verbale Kommunikation und gibt Auskunft über die Befindlichkeit der Gesprächspartner und ihre Beziehung zueinander.

Ob Abweichungen vom Auditierten akzeptiert werden, kann daher zu einem großen Teil auch von para- und nonverbaler Kommunikation des Auditors abhängen. Wenn Geringschätzung und Abweisung durch Gesten oder Mimik zum Ausdruck kommen, wird die Annahme von Abweichungen schwieriger.

Das Stellen der inhaltlich richtigen Fragen ist ein wesentliches Element im Audit, das auf der Sachebene abläuft. Unverständliche oder unlogische Fragen verwirren mehr, als sie verwertbare Auditergebnisse produzieren. Auch die Vollständigkeit, die Dinge alle angesprochen zu haben, die im Sinne der Norm hätten geprüft werden müssen, ist für ein gutes Auditergebnis unerlässlich.

Richtig zuhören

Der Auditor soll die Gesprächsführung im Audit übernehmen und den Auditierten damit lenken. Aber er soll nur ca. 20 % der Gesprächsanteile besitzen, da über die Antworten des Auditierten ja Auditfeststellungen ermittelt werden sollen, und dazu ist es wichtig, dass der Auditierte viel von sich gibt.

7 Auditfragen und Auditinterview

7.1 Fragetechniken

Fragestellung

Der Erfolg des Audits hängt in nicht unerheblichem Umfang von der richtigen Auditkommunikation ab. Ein zentrales Instrument bei der Gesprächsführung im Rahmen eines Audits ist die Fragetechnik. Fragen lenken das Gespräch und geben die Richtung an („Wer fragt, der führt"). Zwischen den Gesprächspartnern entwickelt sich eine Beziehung. Der eine stellt eine Frage, der andere ist in der Regel bemüht, diese zu beantworten: Er überlegt, macht sich weitere Gedanken zu dem Thema, strukturiert und formuliert diese schließlich. Mit Fragen zu arbeiten hat eine zweifache Wirkung auf den Gefragten: Zum einen geht er in sich und beschäftigt sich mit der Fragestellung, zum anderen handelt er zielorientiert auf Anweisung. Mit der „Fragestellung" etabliert sich die Gesprächsführung.

Grundtypen von Auditfragen

Die Auditfrageliste gibt zwar an, was gefragt werden muss, man muss aber auch wissen, wie gefragt werden muss. Der Auditor sollte deshalb verschiedene Fragetypen mit ihren sinnvollen Anwendungsbereichen kennen. Für die Gesprächsführung im Rahmen von Audits sind die in Abbildung 9 dargestellten Grundtypen von Fragen relevant.

Auditfragetypen

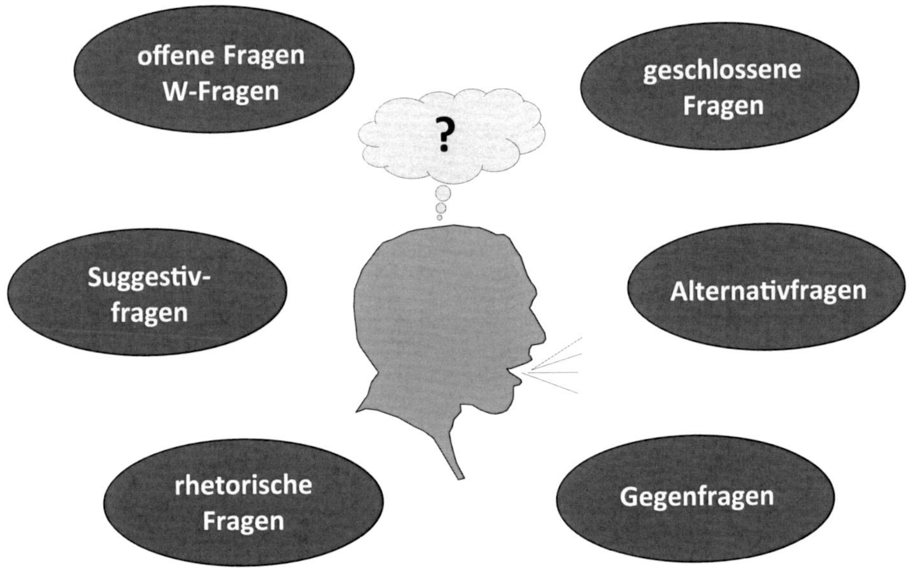

Abb. 9: Grundtypen von Auditfragen

Offene W-Fragen

Offene W-Fragen sind in einem Audit die am häufigsten angewendete Frageart. Sie zielen auf offene Antworten und beginnen mit einem Fragewort (Wer? Was? Wie? Warum? Wozu?), um möglichst umfangreiche Informationen von den Gesprächsteilnehmern zu bekommen.

Offene Fragen eignen sich besonders, wenn es darum geht, Informationen zu sammeln. Auf die geschlossene Frage: „Ist das Verfahren beschrieben?" erhält der Fragesteller als Antwort „Ja" oder „Nein" und muss Frage um Frage anschließen, um die Vorgehensweise z. B. bei der Dokumentation zu identifizieren. Mit der offenen Frage: „Wie ist der Prozess dokumentiert?" veranlasst der Auditor den Gesprächspartner, eine mehr oder weniger umfassende Situationsbeschreibung abzugeben, und erhält eine Textantwort. Eine offene Frage kann mit einem W-Fragewort – wie in obigem Beispiel – oder als direkte Aufforderung formuliert werden: „Bitte beschreiben Sie mir, wie der Prozess dokumentiert ist!"

Beispiele

a) Wer ist hier verantwortlich für die Vergabe von Zugangsrechten zur IT?

b) Was machen Sie mit einem fehlerhaften Laptop?

c) Wie können zukünftig Fehler im Umgang mit Geheimhaltungsvereinbarungen vermieden werden?

Geschlossene Fragen

Geschlossene Fragen werden vom Auditor formuliert, um konkrete Aussagen zu einem bestimmten Untersuchungsgegenstand zu bekommen. Sie lassen als Antwort nur „Ja" oder „Nein" zu. Auf geschlossene Fragen erhält man also eine eindeutige Antwort, und sie sollten dann gestellt werden, wenn keine Zusatzinformationen notwendig sind. Sie können dazu dienen, das Gespräch in eine bestimmte Richtung zu lenken.

Beispiele

a) Können Sie mir die Anweisung zur Durchführung von externen Telearbeitsplätzen (z. B. Homeoffice) zeigen?

b) Müssen Sie jeden Tag die Datensicherung durchführen und warum?

c) Wollen Sie die Versendung der versehentlich unverschlüsselten Nachricht melden?

Suggestivfragen

Suggestivfragen gehören zu den geschlossenen Fragetypen und legen eine bestimmte Antwort nahe. Dem Gesprächsteilnehmer bleibt fast nur diese Antwort übrig. „Wissen Sie sicher, dass Ihr Kollege das genauso ausführt wie Sie?", lässt dem Befragten wenig Raum für eine offene Antwort. Weil Suggestivfragen auch ein Mittel zur Manipulation, zur verdeckten Drohung oder Unterstellung sein können, tragen sie häufig eher zur Verschlechterung der Beziehung und des Gesprächsklimas bei. Insgesamt gilt deshalb immer: Vorsicht bei der Anwendung solcher Fragen.

Beispiele

a) Wollen Sie etwa die Frauenquote erhöhen?

Hier ist die Suggestivfrage manipulativ gebraucht: Das „etwa" hat einen drohenden Charakter. Der Fragesteller will ein „Nein" oder eine Korrektur des vorher Gesagten hören.

b) Sind Sie nicht auch der Meinung, dass das hätte schneller gehen müssen?

Diese Frage verlangt eine Bestätigung oder Verteidigung als Antwort. Der Fragesteller versucht seine Sicht der Dinge dem Gegenüber aufzudrängen.

Solche Art der Fragestellung trägt nicht zu einem konstruktiven Verlauf des Gesprächs bei.

Alternativfragen

Alternativfragen sind ein Synonym für Entscheidungsfragen: Der Fragesteller bietet mindestens zwei Möglichkeiten zur Auswahl an, zwischen denen der Gefragte wählen kann. In Audits kann dieser Fragetyp eingesetzt werden, wenn man dem Auditierten über das Anbieten einer Alternative die Möglichkeit geben möchte, zuerst ein für ihn angenehmeres Thema zu wählen. Es ist jedoch denkbar, dass die Alternativen nicht umfassend sind, d. h., dass noch weitere Varianten denkbar sind, die der Fragesteller gar nicht zur Wahl stellt.

Beispiele

a) Sollen wir hier unterbrechen oder weiter diskutieren?

b) Ist dieses Formular für Sie ein Vorgabe- oder ein Nachweisdokument?

c) Möchten sie mir erläutern, welche Arbeit Sie gerade ausführen, oder wollen wir über die Richtline zu Mobilgeräten sprechen?

Rhetorische Fragen

Rhetorische Fragen sind solche, die eigentlich gar keine wirklichen Fragen sind, da in der Regel keine Antwort des Befragten erwartet wird. Rhetorische Fragen sind vielmehr verkleidete Behauptungen. Der Fragende erwartet dazu eher die Zustimmung des Befragten.

Mit der rhetorischen Frage soll eine Aussage nachdrücklich bekräftigt oder akzentuiert werden. Der Befragte bleibt bei der rhetorischen Frage in der

Rolle des Zuhörers. Er soll die Antwort vielmehr mitdenken. Die rhetorische Frage wird gerne in Vorträgen oder Präsentationen als Stilmittel eingesetzt. Häufig wird sie jedoch auch eingesetzt, um Gegenmeinungen im Keim zu ersticken. In Audits sollte man als Auditor auf diesen Fragentyp verzichten, da er nicht zur Sammlung von Informationen benötigt wird.

Beispiele

a) Wollen wir uns denn noch ewig mit diesem Thema beschäftigen?

b) Habe ich das nicht gleich gesagt?

c) Wollen sie mir als Auditor erzählen, wie ich ein Audit durchzuführen habe?

Gegenfragen

Gegenfragen werden häufig eingesetzt, um dem Druck einer Frage zu entgehen. Für den Auditor bietet sich eine Gegenfrage immer dann an, wenn sein Gesprächspartner über Einwände das Auditgespräch abbrechen oder behindern möchte. Da der Auditor das Gespräch führen soll, sind solche Fragen mit einer konkreten Frage zum Sachverhalt zu beantworten.

Beispiele

a) Frage das Auditors:

   Welche Funktion hat Ihr Bereich im ISMS?

   Gegenfrage des Auditierten:

   ISM macht das zügige Arbeiten nur umständlicher, was sagen Sie dazu?

   Antwort des Auditors:

   Was genau wird für Sie bei ihrer Arbeit umständlicher?

   Damit muss sich der Auditierte weiter erklären.

b) Frage des Auditors:

   Führen Sie Nachweise über die ausgeführten Tätigkeiten zur Vergabe von Nutzerrechten?

   Gegenfrage des Auditierten:

   Wo steht, dass ich das tun muss?

   Frage des Auditors:

   Dann erläutern Sie mir bitte die für diese Arbeit zuständige Anweisung?

Mit Gegenfragen kann auch versucht werden, den Auditor zu provozieren, um ihn aus dem Konzept zu bringen.

7.2 Auditinterview

Einstiegsfrage

Das Auditinterview ist keine willkürliche Aneinanderreihung von Fragen, sondern folgt einem zielorientierten Schema, das am Anfang die Frage stellt, ob eine Forderung vorliegt und ob diese Forderung in einem freigegebenen Dokument (z. B. Prozessbeschreibung, Arbeits- oder Prüfanweisung) in der Umsetzung beschrieben ist. Daher zielt die Einstiegsfrage, z. B. beim Normenpunkt 8.1 „Betriebliche Planung und Steuerung“ mit der offenen W-Einstiegsfrage „Wie ist die Einbindung von IT-Dienstleistern bei der Wartung der Sever geplant, welche Sicherheitsregeln gelten dafür?“ genau in diese Richtung.

Interviewablauf

An dieses Schema knüpfen im Kontext die weiteren Auditfolgefragen an, d. h., ob die Anweisungen allen, die es wissen müssen, bekannt sind und ob sich in der Umsetzung jeder daran hält, welche Nachweise für die Ausführung der Tätigkeiten gefordert sind und ob diese auch ordnungsgemäß geführt werden. Für den Auditor ist die Feststellung wichtig, ob die beschriebene Vorgehensweise eine wirksame Erfüllung der Normenforderung darstellt. Zum Schluss prüft der Auditor noch, ob die Vorgehensweise verbessert werden kann. Abfolge und Struktur von Auditfragen zeigt Abbildung 10. Die sechs Schritte und deren Reihenfolge sollte jeder Auditor immer im Gedächtnis haben, wenn er auditiert.

Abfolge von Auditfragen

Auditieren heißt feststellen, ob und wie weit:

1. für die Prozesse ausreichende Vorgabedokumente (Anweisungen) erstellt und in Kraft gesetzt worden sind,
2. die Anweisungen nachweislich bekannt sind,
3. die Anweisungen eingehalten werden und nach ihnen verfahren wird,
4. die Einhaltung nachweisbar (z. B. über Aufzeichnungen) ist,
5. die Anweisungen wirksam sind und
6. die Anweisungen oder das Vorgehen verbessert werden können.

Zunehmende Vertiefung der Auditfragen

Abb. 10: Ablauf Auditkernfrage und Folgefragen

Nicht alle Auditfolgefragen befinden sich immer in der Auditfrageliste, da deren Umfang dann einfach zu lang werden würde. Meist begnügt man sich im Fragenkatalog mit der Auditkernfrage und leitet alle weiteren Fragen nach dem vorgestellten Schema daraus ab.

8 Quellen

[1] DIN EN ISO 9000:2015 – Qualitätsmanagementsysteme – Grundlagen und Begriffe (ISO 9000:2015)

[2] DIN EN ISO 19011:2018 – Leitfaden zur Auditierung von Managementsystemen (ISO 19011:2018)

[3] DIN EN ISO/IEC 17021-1:2015 – Konformitätsbewertung – Anforderungen an Stellen, die Managementsysteme auditieren und zertifizieren (ISO/IEC 17021-1:2015)

[4] ISO/IEC 27001:2022 – Informationssicherheit, Cybersicherheit und Schutz der Privatsphäre – Informationssicherheits-Managementsysteme – Anforderungen (ISO/IEC 27001:2022); (Anmerkung der Redaktion: Zum Zeitpunkt der Bearbeitung lag nur die englische Version der ISO/IEC 27001:2022 vor. Die für diesen Beitrag notwendigen Übersetzungen ins Deutsche können ggf. von der späteren offiziellen deutschen Übersetzung der DIN im Einzelfall abweichen.)

[5] DIN EN ISO 9001:2015 – Qualitätsmanagementsysteme – Anforderungen (ISO 9001:2015)

[6] Kallmeyer, Wolfgang: Die ISO 19011 – Audits erfolgreich vorbereiten und durchführen. www.tuev-media.de/die-iso-19011:2018

[7] ISO Survey 2021: www.iso.org/the-iso-survey.html

[8] DIN EN ISO/IEC 27002:2022 – Informationssicherheit, Cybersicherheit und Schutz der Privatsphäre – Informationssicherheitsmaßnahmen (ISO/IEC 27002:2022)

Anhang: Auditfragen zur ISO/IEC 27001

Hinweise zur Verwendung des Fragenkatalogs

Ergänzend zu dieser Broschüre ist eine Frageliste erstellt worden auf der Basis einer Textanalyse der Informationssicherheitsmanagementsystemnorm ISO/IEC 27001:2022. Der Aufbau der Frageliste orientiert sich an der Kapitelstruktur der ISO/IEC 27001. Von Normkapitel 4 „Kontext der Organisation“ bis zu Normkapitel 10 „Verbesserung“ ist zu jedem Kapitel eine Reihe von Fragen aus den Normforderung abgeleitet worden, um die regelkonforme Umsetzung der ISO/IEC 27001:2022 zu überprüfen. Die Auditkommunikation sollte sich aber nicht nur auf diese Fragen beschränken, sondern die Fragen sollten als Einstiegshilfe dienen, um mit weiteren Fragen den Kontext zum gewählten Auditthema weiter zu untersuchen. Erst wenn klar ist, ob die Anforderungen der Norm erfüllt sind oder nicht, kann eine fundierte Auditfeststellung, mit dem Ergebnis „konform“ mit oder ohne Verbesserungspotenzial oder „nichtkonform“, getroffen werden.

Nachweisbeispiele

Neben den Auditfragen enthält der Fragenkatalog noch eine Auswahl an Nachweisbeispielen zu jeder Auditfrage, die zur Feststellung des Sachverhalts, der sich aus der Auditfrage ergibt, herangezogen werden können. So kann auf die Auditfrage „Wie ist das Vorgehen zur Durchführung interner Informationssicherheitsaudits geregelt?“ als Festlegung eine bestehende Prozessbeschreibung herangezogen werden. Dann gilt es zu prüfen, ob die Prozessbeschreibung hinsichtlich ihrer Regelungsinhalte die Erfüllung der Normenforderungen in Gänze widerspiegelt. Die angegebenen Nachweisbeispiele sind auf der Basis einer vieljährigen Auditorenpraxis zusammengestellt, erheben aber nicht den Anspruch, in jedem betrieblichen Einzelfall vollständig oder zutreffend zu sein.

Ergänzen und Anpassen

Vor Einsatz der Auditfrageliste sollte geprüft werden, ob die Auditfragen oder die Nachweisbeispiele für das Unternehmen zutreffend sind. Gegebenenfalls sind Ergänzungen und Anpassungen vorzunehmen. Der Fragenkatalog kann auch als Basis genutzt werden, um einen betriebsinternen erweiterten Fragenkatalog zu entwickeln, der mit der Auditerfahrung wächst. Dieser Fragenpool bildet dann die Grundlage für die Auswahl von individuellen Auditfragen passend für die Zielstellung des jeweiligen Einzelaudits.

Fragen zu Kern- und Unterstützungsprozessen ergänzen!

Der aus der Textanalyse und der betrieblichen Erfahrung abgeleitete Fragenkatalog enthält noch nicht die Fragen, die sich aus den Unternehmensprozessen und deren Wechselwirkung selbst ergeben. Es ist daher empfehlenswert, für die Kernprozesse und die wesentlichen Unterstützungsprozesse eine Turtle-Analyse durchzuführen (s. Abschnitt 5.4). Aus dieser Analyse lassen sich ergänzend weitere Auditfragen generieren, die dann den Normenkapiteln 4 bis 10 und ihren Unterkapiteln zugeordnet werden können. Der so erweiterte Fragenkatalog deckt dann zunehmend die Möglichkeiten bezüglich eines umfassenden internen Audits ab und kann als Einstiegshilfe und Schulungsunterlage für die Ausbildung neuer Auditoren genutzt werden.

Normenkapitel	Auditfrage	Nachweisbeispiele
4 Kontext der Organisation		
4.1 Verstehen der Organisation und ihres Kontextes	a) Wie wurde der Kontext der Organisation ermittelt? b) In welcher Form wurde der Kontext zum ISMS (Informationssicherheitsmanagementsystem) dokumentiert? c) Welches sind die wichtigsten internen und externen Themen? d) Welche Rolle spielt die strategische Ausrichtung der Organisation beim Kontext? e) Auf welchem Wege werden Veränderungen beim Kontext überprüft und der Kontext aktuell gehalten?	Dokumentierte Informationen zu(r/m): • externen Kontext (z. B. rechtlich, Wettbewerb, Kunden) • internen Kontext (z. B. Werte, Mitarbeiter) • Umfeldanalysen/Marktanalysen • Rechtskataster • Wettbewerbsanalysen • strategischen Maßnahmenplanungen • Unternehmensdarstellungen (Homepage) • Managementbewertungen • Risiko-Chancen-Analysen zum Kontext
4.2 Verstehen der Erfordernisse und Erwartungen interessierter Parteien (Stakeholder)	a) Auf welchem Wege werden die Erfordernisse der Stakeholder im ISMS ermittelt und bewertet? b) Welche Stakeholder erzeugen rechtlich/vertraglich relevante Forderungen, und wie werden diese erfasst? c) Welche dokumentierten Informationen werden bezüglich des Umgangs mit Stakeholdern zur Vorgabe und als Nachweise erfasst? d) Welche Maßnahmen leiten sich aus der Bewertung der interessierten Parteien hinsichtlich ihrer Bedeutung ab (z. B. für wichtige Stakeholder)? e) Auf welchem Weg werden Veränderungen bei den Forderungen der Stakeholder überprüft und die Bewertungen, inkl. daraus resultierender Maßnahmen, aktuell gehalten? f) Wie wird mit direkten Anforderungen von Stakeholdern bezüglich Informationssicherheit umgegangen?	Dokumentierte Informationen zu(r/m): • Prozessfestlegungen • Stakeholder-Analysen und Bewertungen • Stakeholder-Management • Übersichten zu Risiken und Chancen, die von den Stakeholdern ausgehen • Regelungen zur Aktualisierung der Erfassung, Analyse, Bewertung und des Umgangs mit Stakeholdern • Nachweisen zur Wirksamkeitsbewertung des Stakeholder-Managements • Systematischen Ansprache interessierter Parteien durch: o Kundenveranstaltungen o Lieferantenaudits o Mitwirkung in Fachverbänden o Mitarbeit in Gremien und Ausschüssen o Hausmessen
4.3 Festlegen des Anwendungsbereichs des ISM-Systems	a) Wie sind die Grenzen und der Anwendungsbereich des ISMS definiert? b) Wo und auf welche Art ist der Geltungsbereich des ISMS dokumentiert? c) Gibt es Einschränkungen oder nichtzutreffende Forderungen der Norm, die den Geltungsbereich beeinflussen, und wie ist das nachvollziehbar dokumentiert (Ausschlüsse dürfen die Funktion des ISMS in Summe nicht beeinträchtigen)? d) Wie und wann wird die Korrektheit des Geltungsbereichs überprüft und das Ergebnis dokumentiert?	Dokumentierte Informationen zu(r/m): • Beschreibung des Geltungsbereichs: o sachlich: eingeschlossene Prozesse, Produkte/Dienstleistungen o örtlich: eingeschlossene Standorte • Beschreibung von Ausschlüssen/Einschränkungen (inkl. Begründung): • nicht relevante Prozesse • ausgelagerte Prozesse (z. B. externe Datenschutzdienstleister) • Nachweisführung der regelmäßigen Überprüfung des Geltungsbereichs

Normenkapitel	Auditfrage	Nachweisbeispiele
4.4 Informationssicherheits-Managementsystem (ISMS)	a) Aus welchen Elementen/Bestandteilen besteht das ISMS? b) Wie sind die Bestandteile des ISMS (z. B. Prozessbeschreibungen) dokumentiert? c) Welche Wechselwirkungen bestehen zwischen den Prozessen und wie sind sie nachvollziehbar dargelegt? d) Wie werden die für die Prozesse benötigten Ressourcen ermittelt und bereitgestellt? e) Welche Kennzahlen gibt es zur Leistungsmessung der Prozesse und des ISMS? f) In welcher Häufigkeit und durch wen werden die Prozesse überwacht? g) Sind Verantwortung und Befugnisse für die Prozesse transparent und nachvollziehbar dargelegt? h) Wie werden Prozessänderungen durchgeführt und dokumentiert? i) Wie werden die dokumentierten Informationen zum ISMS für die Anwender bereitgestellt? j) Welche Archivierungsregeln gelten für nicht mehr aktuelle Prozessbeschreibungen?	Dokumentierte Informationen zu(r/m): • Übersichten (z. B. HB, Zentraldokument) über Aufbau und Struktur des ISMS • Prozessübersicht/Prozesslandschaft • Prozessmodellierungen, Prozessanalysen, Übersichten über Vorgabedokumente (z. B. Prozessbeschreibungen, Arbeits- und Prüfanweisungen, Formulare • Übersichten über dokumentierte Nachweise • Aufstellung/Zuordnung der Prozessverantwortlichen zu den Prozessen • Nachweisen zur Risiko- und Chancenanalyse der Prozesse • Methoden der Dokumentenbereitstellung (z. B. digitales Dokumentenmanagement, Sammelordner, Serverablage) • Nachweisen zu Kennzahlen/Leistungsindikatoren im ISMS • Prozessbeschreibungen und deren Regelüberwachung (z. B. Korrektheit/Aktualität) • Archivierungsmatrix für dokumentierte Informationen
5 Führung		
5.1 Führung und Verpflichtung **A.1 5 Organisatorische Maßnahmen** **A.1 5.1 Informationssicherheitsrichtlinie** **A.1 5.4 Verantwortlichkeit der Leitung**	a) Welche Aufgaben und welche Verantwortung übernimmt die oberste Leitung im ISMS? b) Welche Beteiligung hat die Leitung hinsichtlich der Formulierung und Verabschiedung von ISMS-Politik und ISMS-Zielen? c) Welche Strategie verfolgt die Leitung mit dem ISMS? d) Sind der Leitung die Risiken, aber auch die Chancen, die sich aus dem Kontext, den Stakeholdern und den Unternehmensprozessen ergeben können, bekannt, und wie geht sie damit um? e) Wie sind die Prozesse des ISMS in die Geschäftsprozesse des Unternehmens eingebunden? f) Wie überwacht die Leitung die Wirksamkeit des ISMS und die Erreichung der geplanten Ergebnisse (z. B. Ziele)? g) Auf welche Art und Weise bringt sich die Leitung in die fortlaufende Verbesserung des ISMS ein? h) Wie unterstützt die Leitung ihre Führungskräfte hinsichtlich der nachgeordneten Aufgaben und der Verantwortung für das ISMS? i) Auf welchen Wegen wird die Bedeutung des ISMS für das Unternehmen den Mitarbeitern vermittelt? j) Wie wird der Bedarf an Mitteln und Ressourcen durch die Leitung bestimmt und bereitgestellt? k) Gibt es dokumentierte Informationen bezüglich der Aufgaben, der Verantwortung und der Beteiligung der obersten Leitung im ISMS? l) In welcher Form hat die Leitung operative Vorgaben bezüglich der Informationssicherheit gemacht? m) Wann und auf welchen Wegen werden die zentralen Vorgaben zur Informationssicherheit aktuell gehalten? n) Welche dokumentierten Informationen stehen den Mitarbeitern zur Verfügung, um die Sicherheitsphilosophie des Unternehmens zu verstehen? o) Welche Maßnahmen sind hinsichtlich der Informationssicherheit für das Personal bei der Einstellung und während der Beschäftigung vorgesehen?	Dokumentierte Informationen zu(r/m): • Art und Umfang der Leitungsbeteiligung am ISMS (z. B. Führungsrunden, Mitwirkung an ISM-Workshops) • Niederschrift von ISM-Politik und ISM-Zielen • Beteiligung am Umgang mit erfassten Risiken und Chancen • Nachweisen zur Prozessüberwachung, z. B. Kennzahlenüberwachung • Managementbewertungen • Vergleich von Prozesslandschaft und bestehende Unternehmensprozesse im IMS • Betriebsvereinbarungen • Investitionsvorhaben • Projektplänen, ISM-Plänen (z. B. Risikobehandlungspläne zur Informationssicherheit) • Mitarbeiterinformation über verschiedene Medien (z. B. Mails, Aushänge, Versammlungen) • Besprechungsprotokollen, Tagesordnungen • Unternehmensplanungen (z. B. Umsatz-, Kosten-, • Budget-, Mitarbeiter- und Investitionsplanung) • dokumentierten Festlegung über Leitungsaufgaben im ISMS • Informationssicherheitsrichtlinien • Dokumentenänderungsverzeichnissen • ISMS-Politik • Informationssicherheitsrichtlinie • Rollenbezogenen Kompetenzmerkmalen

Normenkapitel	Auditfrage	Nachweisbeispiele
5.2 ISMS-Politik		
Festlegen der ISMS-Politik	a) Welche Kriterien sind bei der Formulierung der ISMS-Politik berücksichtigt worden? b) Inwieweit beeinflusst die ISMS-Politik das Formulieren von ISMS-Zielen? c) Welche Bedeutung hat für die ISMS-Politik die Erfüllung von Anforderungen interessierter Parteien? d) Welche Bedeutung hat für die ISMS-Politik die stetige Verbesserung des ISMS?	Dokumentierte Informationen zu(r/m): • Unternehmensleitlinien und -grundsätzen • Niederschrift der ISMS-Politik mit inhaltlichen Verpflichtungen zur: o Formulierung von Informationssicherheitszielen o Erfüllung rechtlicher, kundenbezogener und sonstiger Anforderungen zum IS-Management o fortlaufenden Verbesserung des ISMS und seiner Prozesse • Managementbewertungen (z. B. Hinweise zur Überprüfung der ISMS-Politik)
Bekanntmachen der ISMS-Politik	a) Auf welchen Wegen wird die ISMS-Politik den Mitarbeitern vermittelt? b) Wie wird sichergestellt, dass die ISMS-Politik von den Mitarbeitern verstanden und in ihrer täglichen Arbeit berücksichtigt wird? c) In welcher Art und Weise wird die ISMS-Politik externen interessierten Parteien zur Kenntnis gegeben?	Dokumentierte Informationen zu(r/m): • Nachweisen zu Veröffentlichungen und Mitarbeiterinformationen der ISMS-Politik (z. B. Homepage, Intranet, Aushänge) • Schulungs- und Unterweisungsnachweisen zum Thema Politik • Mitarbeiterkenntnissen zur ISMS-Politik und ihren Inhalten
5.3 Rollen, Verantwortlichkeiten und Befugnisse in der Organisation **A.1 5 Organisatorische Maßnahmen** **A.1 5.2 Informationssicherheitsrollen und -verantwortlichkeiten** **A.1 5.3 Aufgabentrennung**	a) In welcher Form werden organisatorische Regelungen der Aufbauorganisation im Unternehmen festgelegt? b) Welche Rollen und Funktionen sind eingerichtet, um das ISMS in Umsetzung und Wirksamkeit zu gewährleisten? c) Welche Funktionen in der Organisation sind mit der Informationspflicht der Leitung bezüglich der Leistung und Verbesserung des ISMS betraut? d) Welche dokumentierten Informationen zu organisatorischen Regelungen werden geführt und wie werden sie aktuell gehalten? e) Wie wird sichergestellt, dass zutreffende rechtlich relevante Rollen (z. B. FASI, Datenschutzbeauftragter etc.) erkannt und gemäß ihren Aufgaben eingerichtet werden? f) Auf welchen Wegen werden organisatorische Festlegungen im Unternehmen bekannt gemacht? g) Wie werden Organisationsänderungen zeitnah in die relevanten dokumentierten Informationen eingepflegt und in der Organisation kommuniziert? h) Auf welchen Wegen und durch wen werden Leistungen und Ergebnisse des ISMS an die oberste Leitung berichtet? i) Wie ist abgesichert, dass sich keine Interessenkonflikte in den Verantwortungsbereichen ergeben können, welche zu einem Missbrauch von Informationswerten führen können?	Dokumentierte Informationen zu(r/m): • Organigramm(en) • Stellen-/Funktionsbeschreibungen • Anforderungsprofilen • Berufungen/Bestellungen (z. B. Prozessverantwortliche, spezielle Beauftragte im ISMS, etc.) • Stellvertreterregelungen, Nachfolgerregelungen • Vollmachten • Übersichten rechtlich geforderter Funktionsträger • internen Beauftragten (z. B. Liste) • schriftlichen Vorgaben hinsichtlich der Steuerung von Verantwortlichkeiten und Befugnissen • Informationspflichten und Berichtswesen von Funktionsträgern und Beauftragten • Nachweisen zur Überwachung von externen Dienstleistern (z. B. Datenschutzbeauftragter, FASI) hinsichtlich ihrer Vertragserfüllung • Veröffentlichung von organisatorischen Regelungen/ Änderungen (z. B. Aushängen, Intranet, Bekanntmachungen) • Informationssicherheitsrichtlinie

Normenkapitel	Auditfrage	Nachweisbeispiele
6 Planung		
6.1 Maßnahmen zum Umgang mit Risiken und Chancen		
6.1.1 Allgemeines *(Bestimmen von Risiken und Chancen)*	a) In welcher Weise wird im Unternehmen mit Risiken und Chancen für die Organisation und das ISMS verfahren? b) Welche Themen/Aspekte werden bei der Risiko- und Chancenbetrachtung behandelt? c) Wie werden Risiken und Chancen ermittelt und hinsichtlich ihrer Bedeutung, unerwünschte Auswirkungen zu vermeiden und erwünschte Auswirkungen zu fördern, bewertet? d) Welche dokumentierten Informationen auf der Vorgabe- wie Nachweisseite werden zur Ermittlung und Bewertung von Risiken und Chancen verwendet bzw. geführt? e) Wie wird sichergestellt, dass die Chancen- und Risikobewertung aktuell gehalten wird?	Dokumentierte Informationen zu(r/m): • Prozessen/Verfahren zur Identifizierung, Analyse und Priorisierung, Planen von Maßnahmen und Bewertung der Wirksamkeit der Maßnahmen, um Risiken und Chancen zu managen • Risiko-Chancen-Matrix • Nachweisen zur Risikosteuerung (z. B. Vermeidung, Minderung, Transfer, Akzeptanz) • Nachweisen zur Risiko- und Chancenbehandlung sowie zu deren Aktualisierung
6.1.1 Allgemeines *(Maßnahmen zum Umgang mit Risiken und Chancen)*	a) Nach welchen Kriterien werden ein Risiko oder eine Chance als so bedeutend hinsichtlich seiner/ihrer Auswirkung eingestuft, dass Maßnahmen zu ihrer Behandlung eingeleitet werden? b) Wie werden die Maßnahmen zur Risiko- und Chancensteuerung in der Umsetzung überwacht und deren Wirksamkeit sichergestellt? c) Wie erfolgt die Information über die Risiko- und Chancensteuerung und deren Ergebnisse an die oberste Leitung? d) In welcher Form werden erkannte Chancen zur stetigen Verbesserung genutzt?	Dokumentierte Informationen zu(r/m): • Nachweisen der Verwendung von Risiko-Chancen-Bewertungsverfahren wie FMEA, Risikomatrix nach Nohl, Ursachen-Wirkungs-Analyse • Nutzung der ISO 31000 „Risikomanagement" oder ISO 31010 „Verfahren zur Risikobeurteilung" • Nachweisen zur Überleitung der erkannten Chancen in den Prozess der stetigen Verbesserung • Nachweisen zur Risikoberichterstattung an die oberste Leitung • Nachweisen zu KVP-Maßnahmen
6.1.2 Informationssicherheitsrisikobeurteilung	a) Nach welchem Verfahren wird die Risikobeurteilung von ermittelten Risiken hinsichtlich der Informationssicherheit durchgeführt? b) Welches sind die Kriterien für die Risikobeurteilung und lässt diese Methode konsistente und vergleichbare Ergebnisse im Vergleichsfalle zu? c) Was sind Maßstäbe um Risikoniveaus zu definieren und bezüglich des Einzelrisikos eine Entscheidung zu treffen, ob das Risiko akzeptiert werden kann? d) Wie ist der Umgang mit den Ergebnissen der Risikobeurteilung hinsichtlich ihrer Nachvollziehbarkeit?	Dokumentierte Informationen zu(r/m): • Dokumentierter Risikomanagementprozess • Kriterienkatalog zur Bewertung von Risiken • Bewertungsschema für Risiken • Archivierungsrichtlinien • Aktuelle Risikobeurteilungen (Risiko-Matrix) • Risiko-Chancen-Bewertungsverfahren wie FMEA, Risikomatrix nach Nohl, Ursachen-Wirkungs-Analyse
6.1.3 Informationssicherheitsrisikobehandlung	a) Wie wird sichergestellt, dass erkannte und bewertete Risiken einer adäquaten Risikobehandlung unterzogen werden? b) Wie und durch wen erfolgt die Freigabe von Plänen zur Risikobehandlung? c) Wie werden Informationen zum Risikobehandlungsprozess dokumentiert? d) Wie erfolgt die Neubewertung des Risikos nach erfolgreichen Risiko-minderungsmaßnahmen?	Dokumentierte Informationen zu(r/m): • Dokumentierten Risikobehandlungsprozessen • Maßnahmenpläne zur Risikobehandlung • Archivierungsrichtlinien • Wirksamkeitsbewertungen erfolgter Maßnahmen • Protokollen zur Maßnahmenüberwachung • Dokumentierte Risikoneubewertung

Normenkapitel	Auditfrage	Nachweisbeispiele
6.2 ISMS-Ziele und Planung zu deren Erreichung		
Festlegen von ISMS-Zielen	a) Wie werden ISMS-Ziele für die Organisation ermittelt und beschlossen? b) Wie werden, wenn notwendig, Unternehmensziele auf Bereiche und Abteilungen heruntergebrochen? c) Welche dokumentierten Informationen werden bezüglich des Zielemanagements verwendet oder erstellt? d) Wie und durch wen werden Ziele hinsichtlich der Maßnahmenbildung und Ressourcenbeistellung behandelt? e) Wo und wie werden dokumentierte Informationen zu den Zielen aufbewahrt? f) Wie wird der gesamte Zielprozess der Organisation hinsichtlich seiner Wirksamkeit durch die Leitung bewertet? g) Wie werden die Mitarbeiter über Ziele und deren Bedeutung für das Unternehmen informiert? h) Wie werden die Mitarbeiter über laufende Aktivitäten der Zieleverfolgung und den Grad der Zielerreichung informiert?	Dokumentierte Informationen zu(r/m): • IT-Sicherheitszielen (Datensicherheit) • Informationssicherheitszielen • unternehmensbezogenen Zielen • sonstigen übergeordneten Zielen • Zielekaskade • Ergebnisse der Risikobeurteilungen und Risikobewertungen • Nachweisen zur Kommunikation und Information über Ziele • Intranet, Aushängen, innerbetrieblichen Unterweisungen • Archivierungsrichtlinie
Maßnahmen zur Erreichung der ISMS-Ziele	a) Auf welche Art und Weise und nach welchen Kriterien werden Maßnahmen zur Umsetzung von ISMS-Zielen eingerichtet? b) Wie werden für Zieleprojekte die notwendigen Mittel und Ressourcen geplant und bereitgestellt? c) Auf welche Art wird der Zieleprozess in der Organisation hinsichtlich seiner Umsetzung überwacht und seine Wirksamkeit bewertet? d) Auf welchen Wegen wird die oberste Leitung über die laufende Umsetzung der Ziele informiert? e) Wie ist der Umgang mit Zielen, deren Zielerreichung nicht mehr oder nicht mehr vollständig gegeben ist?	Dokumentierte Informationen zu(r/m): • Maßnahmenplänen zu Zielen • Aktionsplänen zu Zielen • Ressourcenplanungen zu Zielen (z. B. Mitarbeiter, Geld, Beistellungen etc.) • Protokollen von Führungsrunden • ISM-Berichtswesen • Protokollen von Mitarbeitergesprächen • Überwachung und Anpassung von Zielen • Nachweisen zum Zielecontrolling
6.3 Planung von Änderungen		
	a) Welche Regelungen sind im Unternehmen vorhanden, um Änderungen im/am ISMS ohne Risiken und unter geplanten Bedingungen durchführen zu können? b) Werden dabei Auswirkungen auf Prozesse und deren Dokumentation sowie Verantwortlichkeiten und Befugnisse geprüft? c) Wie werden für solche Änderungsprojekte die notwendigen Mittel und Ressourcen ermittelt und bereitgestellt? d) Wie erfolgen Prüfungen und Freigaben von festgelegten Änderungen im ISMS?	Dokumentierte Informationen zu(r/m): • Lastenheften • Änderungsmaßnahmenplänen • Änderungsablaufplänen • Risikobetrachtungen zur Änderungsplanung • Änderungsinformationen und -kommunikation an Mitarbeiter • Nachweisen zur Kommunikation von Rollen, Verantwortlichkeiten und Befugnissen • Freigabeprotokollen zu Änderungen im ISMS • Archivierungsrichtlinien

Normenkapitel	Auditfrage	Nachweisbeispiele
7 Unterstützung		
7.1 Ressourcen	a) Wie werden die Ressourcen für die Aufrechterhaltung und Weiterentwicklung des ISMS ermittelt und bereitgestellt? b) Wie erfolgen Analyse und Bewertung der Angemessenheit der Ressourcenbeistellung? c) Auf welcher Basis werden die personellen Kapazitäten für das ISMS geplant? d) Auf welchem Wege wird der Bedarf an benötigten Stellvertretern und ggf. Nachfolgern ermittelt und nachweislich realisiert? e) Wie erfolgt der Planungsprozess für die benötigte Infrastruktur für das ISMS? f) Wie wird die benötigte Infrastruktur (z. B. IT-Equipment) funktionsfähig gehalten?	Dokumentierte Informationen zu(r/m): • Methoden zur Mittelbereitstellung im Unternehmen: • Geschäftspläne • Budgetpläne • Investitionspläne • Ressourcenanalyse • Methoden zur Personalbemessung (z. B. Tools zur Personalbedarfsanalyse) • Stellvertreter- und Nachfolgeregelungen • Einsatzstrategien von externen Fachleuten mit Verbindung zum ISMS • Analysen zur Verfügbarkeit, Ausfallhäufigkeit und -ursachen von IT-Equipment • Service-Verträgen zur Inspektion und Wartung von Informationssicherheitsequipment
7.2 Kompetenz **A.1 6 Personelle Maßnahmen** **A.1 6.3 Informationssicherheitsbewusstsein, -ausbildung und -schulung**	a) Auf welche Art und Weise wird die benötigte Kompetenz von Mitarbeitern im ISMS ermittelt? b) Wie wird der Erhalt/die Vermittlung der Kompetenz erreicht? c) Wie wird die Wirksamkeit der Kompetenzerweiterung ermittelt und bewertet? d) Wie erfolgt die Beteiligung der Mitarbeiter an der Kompetenzentwicklung? e) In welcher Weise werden Aufzeichnungen zur Erfassung, Vermittlung und Wirksamkeitsbewertung der Kompetenz geführt? f) Wie werden Kompetenz und Bewusstsein der Mitarbeiter hinsichtlich Informationssicherheit und Datenschutz entwickelt?	Dokumentierte Informationen zu(r/m): • Stellen- und Funktionsplänen • Stellen- und Funktionsbeschreibungen • Kompetenzmatrix • Aufzeichnungen zu Mitarbeitergesprächen • Schulungs- und Qualifizierungsplänen • Schulungsnachweisen, Zeugnissen • Protokollen über die Bewertung der Wirksamkeit von Schulungen • Rollenbezogenen Kompetenzplänen zum ISMS
7.3 Bewusstsein	a) Welche Methoden werden angewendet, um das Bewusstsein der Mitarbeiter bezüglich des ISMS (z. B. ISMS-Politik/-Ziele) zu entwickeln? b) Wie wird den Mitarbeitern die Bedeutung ihres Beitrags hinsichtlich des ISMS und der Auswirkungen einer Nichtkonformität nähergebracht?	Dokumentierte Informationen zu(r/m): • Nachweisen zu Methoden der Bewusstseinsvermittlung und -entwicklung • Nachweisen zu Motivationstrainings • Protokollen zu Mitarbeitergesprächen • Nachweisen zur Beteiligung an Verbesserungsvorschlägen (z. B. betriebliches Vorschlagswesen) • Beteiligungsgrad an Informationssicherheitszirkeln
7.4 Kommunikation **A.1 5 Organisatorische Maßnahmen** **A.1 5.5 Kontakt mit Behörden** **A.1 5.6 Kontakt mit speziellen Gruppen**	a) Welche Regelungen bestehen hinsichtlich der internen Kommunikation zum ISMS und der daran Beteiligten und wie sind diese Regelungen dokumentiert? b) In welcher Form ist die Kommunikation mit Externen geregelt und erfasst sie alle wesentlichen Stakeholder? c) Wie werden die Mitarbeiter über die Regelungen zur internen und externen Kommunikation unterrichtet? d) Welche Kommunikationskanäle werden für welche Art der Kommunikation genutzt? e) Wie erfolgt die Absicherung von vertraulichen Informationen gegenüber unbefugter Verbreitung? f) Wie sind die Kontakte der Verantwortlichen für Informationssicherheit zu den Behörden geregelt? g) Wie sind die Kontakte der Verantwortlichen für Informationssicherheit zu speziellen Interessengruppen (z. B. Fachverbände) geregelt?	Dokumentierte Informationen zu(r/m): • Vorgaben zur externen wie internen Kommunikation (z. B. Kommunikationsprozess) • Kommunikationsmatrix • internen und externen Meldeketten (z. B. Alarmierungen) • Besprechungsprotokollen und -berichten • schwarzen Brettern, internen Zeitschriften, Rundschreiben • audiovisuellen und elektronischen Medien • Tagesordnungen von betrieblichen Veranstaltungen • Statistiken, betrieblichen Berichtswesen, ISM-Berichten • Internet- und Intranet-Veröffentlichungen • Verzeichnisse von Behördenkontakte • Verzeichnisse von Kontakten zu Interessengruppen • Spezifischen Hinweisen in Stellen- und Funktionsbeschreibungen

Normenkapitel	Auditfrage	Nachweisbeispiele
7.5 Dokumentierte Information		
7.5.1 Allgemeines *(Dokumentierte Information)*	a) Welche ISMS-Prozesse sind für die Organisation definiert und wie sind ihre Wechselwirkungen untereinander festgelegt? b) Wie ist die dokumentierte Systemdokumentation zum ISMS aufgebaut/gegliedert? c) Wie ist die Verantwortlichkeit für die Systemdokumentation geregelt?	Dokumentierte Informationen zu(r/m): • Prozessschaubildern, Prozesslandschaften • Dokumentenübersichten • übergeordneten Dokumenten des ISMS (z. B. Handbuch oder sonstigen Zentraldokumenten) • Prozessbeschreibungen und nachgeordneten Dokumenten (Arbeits- und Prüfanweisungen, Formulare, Checklisten), die von der ISMS gefordert und vom Unternehmen benötigt werden • Prozessübersichten (inkl. Prozessverantwortlichen)
7.5.2 Erstellen und Aktualisieren der Dokumentation	a) Nach welchen Vorgaben ist die Dokumentationserzeugung und -aktualisierung organisiert? b) Welche Dokumentationsmedien (z. B. Papier, DV, Foto/Film) werden für welche Art von Dokumenten genutzt? c) Nach welchen Kriterien und durch wen werden Dokumente erstellt, geprüft und freigegeben?	Dokumentierte Informationen zu(r/m): • Festlegungen, wie Dokumente gekennzeichnet werden (Datum, Titel, Ersteller, Referenznummer) • Festlegungen, wie Dokumente erstellt, geprüft und freigegeben werden • Kriterien zur Aktualisierung und Archivierung von Dokumenten und Aufzeichnungen • Versionsverzeichnissen
7.5.3 Lenkung dokumentierter Information *(Bereitstellen der Dokumentation)*	a) Auf welchen Wegen wird jederzeit die Verfügbarkeit der Dokumentation für die Nutzer sichergestellt? b) Wie wird für die Sicherheit der Dokumente/Nachweise und Daten des ISMS gegen Veränderung, Missbrauch und Verlust gesorgt?	Dokumentierte Informationen zu(r/m): • Dokumentenmanagementsystemen (EDV-Tools) • Ablagestrukturen in Datenbanken und Servern • Festlegungen zur Datensicherheit • Archivierungsregeln • Prüfungsvorgaben für externe Dokumente • Bereitstellung von Unterlagen für das ISMS
7.5.3 Lenkung dokumentierter Information *(Lenkungsaktivitäten für Dokumente)*	a) Welche Lenkungsmechanismen sind für Änderungen von Dokumenten eingerichtet? b) Auf welchem Wege wird geprüft, ob Dokumente noch benötigt werden? c) Welche Lenkungsmechanismen sind zu Ablage, Archivierung, Zugriff und Auffindbarkeit etc. von Dokumenten und Nachweisen eingerichtet? d) Auf welchen Wegen erfolgt die angemessene Kennzeichnung und Lenkung externer Dokumente zum ISMS?	Dokumentierte Informationen zu(r/m): • Regeln zur Ablagesystematik von Vorgabedokumenten und Nachweisen • Verteilerschlüsseln von Dokumenten und Nachweisen • Revisionsübersichten, Versionsübersichten • Ausgabe- und Empfangsnachweisen • Zugriffsberechtigungen auf Daten • Lenkungsvorgaben für externe Dokumente und Aufzeichnungen • Lenkungsvorgaben für Kunden- und Lieferantendokumente • Archivierungsverzeichnissen für interne und externe Dokumente
8 Betrieb		
8.1 Betriebliche Planung und Steuerung	a) Auf welchem Wege erfolgt die Steuerung der operativen ISM-Prozesse (z. B. Instandhaltung IT, Verwaltung von Werten, Zugangssteuerung)? b) Wie werden Dokumente und Nachweise zu operativen Tätigkeiten im ISMS archiviert? c) Mit welchen Maßnahmen werden Fehler, die durch Änderungen an den operativen Prozessen verursacht werden, in ihren Auswirkungen begrenzt oder korrigiert? d) Wie erfolgt die Absicherung, dass nur geeignete Infrastruktur (IT, Informationsarchive, etc.) und geeignetes Personal für die operativen Prozesse der Informations- und Datensicherheit eingesetzt werden? e) Welche ausgegliederten Prozesse hat das ISMS und wie ist deren Lenkung durch das Unternehmen organisiert?	Dokumentierte Informationen zu(r/m): • Prozessbeschreibungen von operativen ISM-Prozessen • Verzeichnissen, Listen, etc. • Protokollen über Chancen- und Risikobeurteilungen • Vertragsunterlagen zu ausgelagerten IT-Prozessen • Arbeits- und Prüfanweisungen • Formularen, Checklisten • Prüf- und Überwachungsplänen • Instandhaltungsplänen • Serviceverträgen • Betriebsanweisungen • Bedienungsanleitungen • Schulungs- und Unterweisungsnachweisen • Qualifikationsnachweisen • Archivierungsregeln

Normenkapitel	Auditfrage	Nachweisbeispiele
	Anmerkung: Die Auditfragen zu den folgenden operativen Themen und Tätigkeiten sind aus der Tabelle A.1 (Anhang A) „Referenz zu Informationssicherheitskontrollen" abgeleitet worden. Die Gliederung der Tabelle A.1 wurde wegen der Übersichtlichkeit und Zuordnung bei den Fragen weitgehend beibehalten. Die Zuordnung der meisten Kontrollpunkte erfolgte aus thematischen Gründen zum Normenkapitel 8.1 „Betriebliche Planung und Steuerung". Dort, wo eine Zuordnung aus thematischen Gründen besser zu anderen Normenkapiteln passt, wurden so verfahren. Zum Teil hat es sich als zweckmäßig erwiesen, die vier Maßnahmenabschnitte Organisatorisch, Personell, Physisch und Technologisch weiter zu unterteilen, um Zusammenhänge für das Audit besser strukturieren zu können.	
A.1 5. Organisatorische Maßnahmen		
Kontrollthema: Leitung, Verantwortlichkeiten, Kommunikation **A.1 5.1 Informationssicherheitsrichtlinie** **A.1 5.2 Informationssicherheitsrollen und -verantwortlichkeiten** **A.1 5.3 Aufgabentrennung** **A.1 5.4 Verantwortung der Leitung** **A.1 5.5 Kontakt mit Behörden** **A.1 5.6 Kontakt mit speziellen Gruppen**	Die Kontrollpunkte A.1 5.1 bis A.1 5.6 sind in folgende Normkapitel integriert worden: 5.1 Führung und Verpflichtung (A.1 5.1, A.1 5.4) 5.3 Rollen, Verantwortlichkeiten und Befugnisse (A.1 5.2, A.1 5.3) 7.4 Kommunikation (A.1 5.5, A.1 5.6)	kein Eintrag
Kontrollthema: Informationssicherheit (allgemein) **A.1 5.7 Bedrohungsinformation** **A.1 5.8 Informationssicherheit im Projektmanagement**	a) Wie erfolgt die gezielte Sammlung von Bedrohungsinformationen in den Prozessen des IMS? b) Mit welchen Methoden wird das Ausmaß einer potenziellen Bedrohung analysiert, und welche möglichen Konsequenzen ergeben sich für den Umgang mit dieser Bedrohung? c) Wie wird die Informationssicherheit im Rahmen von Projektarbeit mit oder ohne externe Beteiligung abgesichert? d) Nach welchen Kriterien oder Vorgaben werden die Sicherheitsanforderungen an neue Informationssysteme gestellt?	Dokumentierte Informationen zu(r/m): • Prozess „Managen von Informationsrisiken" (Risikobeurteilung/Behandlung) • Risikobewertungssystematiken (z. B. nach Nohl, FMEA) • Dokumentierten Wirksamkeitsbewertungen, Risikobewertungen • Analysen zur Risikobewertungen in IT-Projekten • Handbuch zur Netzwerksicherheit • Berichten zu Netzwerkvorfällen
Kontrollthema: Informationsvermögenswerte **A.1 5.9 Inventar von Informationen und anderen damit verbundenen Vermögenswerten** **A.1 5.10 Akzeptable Nutzung von Informationen und anderen damit verbundenen Vermögenswerten** **A.1 5.11 Rückgabe von Werten**	a) Wie werden die Werte, die auf Informationen beruhen (z. B. Kundeninformationen, Betriebsgeheimnisse), im Unternehmen erfasst? b) Wie ist die Verantwortlichkeit/Zuständigkeit für diese Werte organisiert? c) Wie ist die Nutzung von Informationswerten geregelt (Handhabung, Ausgabe, Rückgabe)? d) Mittels welcher Verfahren ist sichergestellt, dass Mitarbeiter und Externe im Auftrag der Firma nach Beendigung ihrer Tätigkeit alle vom Unternehmen überlassenen IT-Geräte und sonstigen Werte wieder zurückgeben? e) Mit welchen Methoden soll verhindert werden, dass interne wie externe Mitarbeiter eine unbefugte Weitergabe solcher Informationswerte begehen oder Kopien für spätere Nutzung zurückhalten?	Dokumentierte Informationen zu(r/m): • Prozess „Wertemanagement" • Inventarlisten der Informationswerte der Organisation • Bewertungsdokumentationen hinsichtlich der Bedeutung der Werte • Kennzeichnungsvorgaben für Informationen (Werte) • Disziplinarmaßnahmen gegen Verstöße im Umgang mit Werten • Aufzeichnungen zur Überlassung von Werten • Vertraulichkeitsvereinbarungen
Kontrollthema: Management von Informationen **A.1 5.12 Klassifizieren von Informationen** **A.1 5.13 Kennzeichnung von Informationen** **A.1 5.14 Informationsübertragung**	a) Auf welche Art und Weise ist die Bedeutung von Informationen beurteilt (klassifiziert) worden und wie ist dies dokumentiert? b) Welche Methoden zur Kennzeichnung von Informationen werden angewendet? c) Wie ist abgesichert, dass die Informationsübertragung intern wie extern unter beherrschten Bedingungen abläuft? d) In welcher Form ist das verbindlich mit externen Partnern für den Datenaustausch geregelt? e) Wie ist die Wirksamkeit der Schutzmaßnahmen zur Datenübertragung zu bewerten?	Dokumentierte Informationen zu(r/m): • Informationssicherheitsrichtlinie • Richtlinie zum Datenaustausch mit externen Stellen • Verträgen mit externen Netzwerkbetreuern (SLAs = Service Level Agreement) • Fehlerauswertungen Datenübertragung • Erfassen und Auswerten von Informationsübertragungsfehlern

Normenkapitel	Auditfrage	Nachweisbeispiele
Kontrollthema: Zugangsmanagement: **A.1 5.15 Zugangssteuerung** **A.1 5.16 Identitätsmanagement** **A.1 5.17 Authentifizierungsinformationen** **A.1 5.18 Zugangsrechte**	a) Wie ist die Zugangskontrolle zu Informationen und Informationsverarbeitungssystemen geregelt? b) Wie werden die Benutzerzugänge an- und abgemeldet? c) Wie ist die Zugangsverwaltung zu IT-Systemen und Nutzerendgeräten für Benutzer geregelt? d) Mit welchem Verfahren wird sichergestellt, dass die physische Zugangskontrolle zu geschützten Bereichen nur autorisierten Personen gestattet ist? e) Wie ist die Kennwort-/Passwortverwaltung organisiert, und wie ist dies nachvollziehbar? f) Wie werden die Zugangsberechtigungen der Nutzer verwaltet? g) In welchem Umfang sind die Benutzer für die Geheimhaltung ihrer Authentisierungsschlüssel verantwortlich, und wie wird die Umsetzung überwacht? h) Auf welchem Weg werden die Zugangsrechte überwacht? i) Welche Zugangsregelungen gelten für besondere Funktionsträger (z. B. Systemadministratoren) im Umgang (Berechtigungen) mit IT-Systemen?	Dokumentierte Informationen zu(r/m): • Prozessen oder Verfahren zur Zugangsverwaltung der Nutzer • Nachweisen zur Zugangssteuerung • Freigabeverfahren für Sicherheitshilfsprogramme • Vorgaben zur Kennwortverwaltung • Nachweisen zur Kennwortverwaltung • Dokumentierten Fehlern zur Quellcodeverwaltung • Dokumentierten Fehlern zur Kennwortverwaltung • Richtlinie für Systemadministratoren
Kontrollthema: Lieferanten- und Dienstleistermanagement **A.1 5.19 Informationssicherheit in der Lieferantenbeziehung** **A.1 5.20 Adressierung der Informationssicherheit in Lieferantenvereinbarungen** **A.1 5.21 Management der Informationssicherheit in der Lieferkette der IKT** **A.1 5.22 Überwachung, Überprüfung und Änderungsmanagement von Lieferantendienstleistungen** **A.1 5.23 Informationssicherheit für die Verwendung von Cloud-Services**	a) Welche Vorgaben gelten für Lieferanten bezüglich der Informationssicherheit? b) Wie ist die Informationssicherheit bei Lieferantenzugriff auf die eigenen IT-Systeme gewährleistet? c) Auf welchem Weg wird die Informations- und Datensicherheit in der Lieferkette sichergestellt? d) Wie wird die Informationssicherheitsleistung von Lieferanten überwacht? e) Wie werden Lieferantenrisiken bei Änderungen im Dienstleistungsumfang geprüft? f) Welche Voraussetzungen müssen gegeben sein, um Clouddienste für das Unternehmen einzurichten? g) Wie wird sichergestellt, dass die Informationssicherheitsvorgaben des Unternehmens bei der Nutzung von Clouddiensten eingehalten werden? h) Nach welchen Regeln können von Mitarbeitern und beteiligten Externen zugelassene Cloudanwendungen genutzt werden?	Dokumentierte Informationen zu(r/m): • Informationszugangssteuerungsrichtlinie Lieferanten • Informationssicherheitsrichtlinie für Lieferanten • Zugangsberechtigungen Lieferanten, Lieferantenportale • Lieferantenvereinbarungen • Informationssicherheitsauditberichten von Lieferantenaudits • Nachweisen zu Lieferantenbewertungen von Informationssicherheitsbelangen • Informationssicherheitszertifikaten (z. B. Systeme/Produkte) von Lieferanten • Leistungs- und Lieferverträgen • Serviceverträgen • Aufzeichnungen zu Reklamationen im Zusammenhang mit der Informationssicherheit • Dokumenten zu Prüf- und Abnahmetests von IT-Equipment • Sicherheitsrichtlinie Cloudanbieter • Überwachungsprotokollen der Nutzung von Clouddiensten • Nutzerrichtlinie Clouddienste • Schulungsnachweisen zum Umgang mit Cloudanwendungen
Kontrollthema: Informationssicherheitsmanagement **A.1 5.24 Planung und Vorbereitung des Managements von Informationssicherheitsvorfällen** **A.1 5.25 Bewerten und Entscheidung über Informationssicherheitsereignisse** **A.1 5.26 Reaktion auf Informationssicherheitsvorfälle** **A.1 5.27 Erkenntnisse aus Informationssicherheitsvorfällen** **A.1 5.28 Sammeln von Beweismaterial**	Die Kontrollpunkte A.1 5.24 bis A.1 5.28 sind in das Normenkapitel 10.2 „Nichtkonformität und Korrekturmaßnahmen“ integriert worden.	kein Eintrag

Normenkapitel	Auditfrage	Nachweisbeispiele
Kontrollthema: Krisenmanagement und Business Continuity **A.1 5.29 Informationssicherheit bei Störungen** **A.1 5.30 IKT-Bereitschaft für Business Continuity (BCM)**	a) Welche Vorgaben und organisatorischen Regelungen gibt es, um die Informationssicherheit auch in extremen Situationen (Krisen) abzusichern? b) Welche Vorkehrungen sind getroffen worden, um die Informationskanäle und die Informationssicherheit in Krisensituationen (Naturkatastrophen, Hackerangriffe usw.) zu gewährleisten? c) Wie und in welchen Abständen werden die Pläne zur Bewältigung von Krisensituationen aktualisiert und der neuen Bedrohung angepasst? d) In welcher Form wird das Thema Business Continuity bei der Sicherheit von Daten berücksichtigt? e) Welche Maßnahmen sind vorgesehen zur Absicherung der geforderten IKT-Bereitschaft (IKT = Informations- und Kommunikationstechnologie) im Fall von eintretenden Störungen?	Dokumentierte Informationen zu(r/m): • Einsatz von Back-up-Systemen • Einsatzplanungen zum Homeoffice • Analysen zu systemrelevanten IT-Infrastrukturen • Notfallplänen für Hackerangriffe • Zertifizierung nach ISO 22301 BCM-System • Katastrophenplänen (Business-Continuity-Planung) • Plänen zur Wiederherstellung der IT-Infrastruktur (Desaster Recovery) z. B. nach BSI-Standards 100-1 bis 100-4
Kontrollthema: Compliancemanagement **A.1 5.31 Bestimmen und Umsetzen der anwendbaren gesetzlichen, behördlichen und vertraglichen Anforderungen** **A.1 5.32 Geistiges Eigentumsrecht** **A.1 5.33 Schutz von Aufzeichnungen** **A.1 5.34 Privatsphäre und Schutz personenbezogener Daten**	a) Wie werden gesetzliche, behördliche und vertragliche Anforderungen in Bezug auf die Informationssicherheit und den Datenschutz ermittelt? b) Wie werden eigene geistige Eigentumsrechte, aber auch das geistige Eigentum Dritter im Unternehmen geschützt? c) Mit welchen Mitteln werden Aufzeichnungen zur Informationssicherheit vor Verlust oder unbefugter Nutzung geschützt? d) Wie werden personenbezogene Daten rechtssicher gehandhabt (z. B. DSGVO) und vor Missbrauch geschützt?	Dokumentierte Informationen zu(r/m): • Richtlinie/Prozess „Ermittlung und Aktualisierung rechtlicher und vertraglicher Anforderungen“ • Rechtskataster • Pflichtenkataster • Dokumentierten Rechtsverstößen • Listen/Übersichten eingegangener Verträge und deren Pflichten • Datenschutz-Grundverordnung (DSGVO)
Kontrollthema: Prüfung und Vorgaben zur Informationssicherheit **A.1 5.35 Unabhängige Überprüfung der Informationssicherheit** **A.1 5.36 Einhaltung von Richtlinien, Regeln und Standards für die Informationssicherheit** **A.1 5.37 Dokumentierte Bedienabläufe**	a) In welchen Abständen und nach welchen Methoden/Kriterien wird das ISMS hinsichtlich seiner Wirksamkeit überprüft? b) Wie und durch wen wird die operative Umsetzung der Einhaltung von Sicherheitsrichtlinienstandards im Betrieb regelmäßig überwacht? c) Auf welchen Wegen und in welchen Abständen wird die Einhaltung von Vorgaben für die Sicherheit und Betriebsbereitschaft von IT-Informationssystemen geprüft? d) Wir wird sichergestellt, dass in den operativen Prozessen die Informationssicherheitsregeln und Datenschutzvorgaben eingehalten werden.	Dokumentierte Informationen zu(r/m): • Ergebnissen interner/externer Audits • Mängelschreiben von Behörden • Beschwerden von Stakeholdern zum Informations- und Datenschutz • Informationssicherheitsaufzeichnungen • Prüfaufzeichnungen von Sicherheitsvorgaben • Prozessbeschreibungen zur Informationssicherheit • Bedienungsanleitungen, Arbeitsanweisungen • Schulungs- und Unterweisungsnachweisen
A.1 6 Personelle Maßnahmen		
Kontrollthema: Kompetenz und Bewusstsein **A.1 6.3 Informationssicherheitskompetenz und -bewusstsein**	Der Kontrollpunkt A.1 6.3 ist in das Normenkapitel 7.2 „Kompetenz“ integriert worden.	kein Eintrag
Kontrollthema: Informationssicherheit bei Personen **A.1 6.1 Sicherheitsüberprüfung** **A.1 6.2 Beschäftigungs- und Vertragsbedingungen** **A.1 6.4 Maßregelungsprozess** **A.1 6.5 Verantwortlichkeit nach Beendigung oder Wechsel des Arbeitsverhältnisses**	a) Nach welchen Vorgaben erfolgt die Sicherheitsüberprüfung für neues Personal und bestehendes Personal (Regelüberprüfung), um die Anforderungen zur Informationssicherheit zu erfüllen? b) Was sind die Kriterien hinsichtlich der Sicherheitsanforderungen in Bezug auf die Rolle (Stellung, Funktion) des Personals? c) Wie ist die Verantwortung für Informationssicherheit bei Personal und Fremdkräften rechtssicher festgelegt, und wie wird diese Verantwortlichkeit aktuell gehalten? d) Welche Regelungen gibt es, um Informationssicherheitsverstößen von Mitarbeitern zu begegnen oder sie zu sanktionieren? e) Welche Maßnahmen werden ergriffen beim Wechsel in einen anderen Unternehmensbereich oder beim Ausscheiden eines Mitarbeiters, um die Informationssicherheit zu gewährleisten?	Dokumentierte Informationen zu(r/m): • Prozess „Personalmanagement“ • Informationssicherheitsrichtlinie • Arbeitsverträgen, Dienstleistungsverträgen • Einstufung als informationssicherheitsrelevantes Personal • Dokumentierten Sanktionen wegen Sicherheitsverstößen gegen Mitarbeiter • Sanktionskriterien

Normenkapitel	Auditfrage	Nachweisbeispiele
Kontrollthema: Vertraulichkeit und Informationssicherheit außerhalb des Standorts **A.1 6.6 Vertraulichkeits- oder Geheimhaltungsvereinbarungen** **A.1 6.7 Fernarbeit (Homeoffice, Dienstreisen)** **A.1 6.8 Berichterstattung über Informationssicherheitsereignisse**	a) Auf welche Weise wird die Vertraulichkeit der Informationen zwischen dem Unternehmen und externen Kräften sichergestellt? b) Was sind die Kriterien und Regeln für das Arbeiten mit schützenswerten Informationen und IT-Equipment außerhalb des Betriebsgeländes (Dienstreisen, Home-Office)? c) Wie wird die Umsetzung der Informationssicherheitsvorgaben für Homeoffice in der Praxis überwacht und das Überwachungsergebnis dokumentiert? d) Wie ist der Umgang mit gemeldeten Sicherheitsereignissen geregelt? e) Welche Reaktionen erfolgen auf gemeldete Sicherheitsereignisse hinsichtlich Ursachenanalyse, Bewertung und Schlussfolgerung?	Dokumentierte Informationen zu(r/m): • Schulungsplänen, Schulungsnachweisen • Wirksamkeitsbewertungen von Schulungen • Vertraulichkeitserklärungen von Mitarbeitern und externen Personal • Leitfaden für Arbeiten im Homeoffice • Richtlinie Informationssicherheitsereignis • Meldeplattform Datensicherheitsereignisse • Reporten zu Sicherheitsereignissen • Nachweisen zur Ursachenanalysen • Risikoanalysen zu erkannten und Beinahe-Vorfällen
A.1 7 Physische Maßnahmen		
Kontrollthema: Physisches Sicherheitsmanagement **A.1 7.1 Physische Sicherheitsbereiche** **A.1 7.2 Physische Zutrittssteuerung** **A.1 7.3 Sichern von Büros, Räumen und Einrichtungen** **A.1 7.4 Physische Sicherheitsüberwachung**	a) Welche Sicherheitsbereiche sind im Unternehmen eingerichtet, und was sind die Kriterien dafür? b) Wie werden die Sicherheitsvorgaben in den Bereichen überwacht, und wie ist der Umgang mit Verstößen geregelt? c) Wie ist die Zutrittsteuerung zu Sicherheitsbereichen (z. B. Labore, Entwicklungsbereiche, Archive) geregelt, und wo ist dies dokumentiert? d) Wie wird die Sicherheit vor unbefugtem Zutritt in Schnittstellen zu Außenbereichen (z. B: Pforte, Lade- und Entladebereiche) sowie Bereichen mit häufigen Fremdbesuchern (z. B. Verwaltung, Kantine) garantiert? e) Welche Vorgaben gibt es für das Arbeiten von internem, aber auch externem Personal in Sicherheitsbereichen (z. B. Anlieferung, Versand sonstige innere Sicherheitsbereiche)? f) Welche Vorgaben gibt es, um das Eindringen unbefugter Personen (intern und extern) in das Unternehmen oder in Teile davon zu verhindern? g) Wie werden vorhandene Sicherheitsmaßnahmen zur physischen Sicherheitsüberwachung hinsichtlich ihrer Wirksamkeit bewertet?	Dokumentierte Informationen zu(r/m): • Lageplänen von Sicherheitszonen • Richtlinie Physische Zugangskontrolle von Personen • Nachweisen zur Zugangssteuerung • Fremdfirmenrichtlinien • Sicherungsmaßnahmen wie Kameraüberwachung oder Sicherheitsschleusen • Nachweisen von erkannten Fehlern in der Sicherheitsüberwachung • Risikoanalysen zum Sicherheitskonzept
Kontrollthema: Schutz der Infrastruktur und der Arbeitsplätze **A.1 7.5 Schutz vor physischen und umweltbedingten Bedrohungen** **A.1 7.6 Arbeiten in Sicherheitsbereichen** **A.1 7.7 Clear-Desk-Richtlinie für eine aufgeräumte Arbeitsumgebung und Bildschirmsperren** **A.1 7.8 Platzierung und Schutz von Geräten und Betriebsmitteln**	a) Welche Sicherungsmaßnahmen zum Schutz vor externer (z. B. Terrorismus) oder umweltbedingter Gefahr (z. B. Unwetter) für Geräte und Betriebsmittel gibt es? b) Wie ist die Arbeit in Sicherheitsbereichern organisiert, und wie wird die Einhaltung der Regelungen überwacht? c) Auf welchen Wegen wird die unbefugte Nutzung von Datenträgern (z. B. Laptops, Mobiltelefone, Unterlagen) bei Abwesenheit des Besitzers durch Dritte verhindert? d) Welche Risiken bestehen für die Infrastruktur und Sicherheit des Betriebsgeländes im Hinblick auf Medienausfälle (z. B. Strom, Gas, Wasser)? e) Welche Schutzmaßnahmen sollen aktiv/passiv das Risiko einer Umweltbedrohung (z. B. Überschwemmung) oder sonstiger Katastrophen (z. B. Brand) verhindern?	Dokumentierte Informationen zu(r/m): • Katastrophenplänen • Gefahrenabwehrplänen • Vorgaben zum Betreten und Arbeiten in Sicherheitsbereichen • Benutzerrichtlinie IT-Geräte • Risikoanalysen zur Funktionssicherheit der Infrastruktur • Nachweisen zur Priorisierung von IT-Schutzmaßnahmen • Infrastruktur und Meldewegen zur Kommunikation von IT-Sicherheitsproblemen • Notfallplänen

Normenkapitel	Auditfrage	Nachweisbeispiele
Kontrollthema: Sicherheit von Equipment **A.1 7.9 Sicherheit von Ausrüstung und Werten** **A.1 7.10 Speichermedien** **A.1 7.11 Versorgungseinrichtungen** **A.1 7.12 Sicherheit der Verkabelung**	a) Welche Vorgaben gibt es hinsichtlich der Sicherheit von Werten (z. B. Informationen in Akten, Laptops, Smartphones) außerhalb des eigentlichen Betriebsgeländes (z. B. Dienstreisen, Homeoffice)? b) Wie ist der Umgang mit Datenträgern während der Nutzung geregelt? c) Wie ist der Umgang mit Datenträgern auf dem Transport geregelt? d) Welche Verfahren zur Vernichtung von Datenträgern werden praktiziert? e) Welche Sicherheitsmaßnahmen sind für Medienausfälle (z. B. Strom) vorgesehen, und wie wird deren Wirksamkeit bewertet? f) Auf welchen Wegen werden Sicherheit und Nutzbarkeit von Datenkabeln und Stromversorgung der IT-Infrastruktur gesichert?	Dokumentierte Informationen zu(r/m): • IT-Nutzerrichtlinie • Richtlinie zur Nutzung von Hard- und Software außerhalb der gesicherten Firmenumgebung • IT-Richtlinie • Vorgaben und Nachweisen zur Informations- und Datenträgervernichtung • Notstromversorgung • Redundanzen in der Infrastruktur
Kontrollthema: Instandhaltung und Entsorgung **A.1 7.13 Instandhaltung von Geräten oder Betriebsmitteln** **A.1 7.14 Wiederverwendung von Geräten und Betriebsmitteln**	a) Wie ist die Instandhaltung von Geräten und Betriebsmitteln der IT-Infrastruktur organisiert, und sichert diese eine hinreichende Verfügbarkeit ab? b) Wie werden Instandhaltungsmaßnahmen nachweislich dokumentiert? c) Wie ist die sichere Entsorgung von Altgeräten der IT-Infrastruktur organisiert? d) Welche Nachweise sind für eine ordnungsgemäße Entsorgung zu führen (Elektronikschrottverordnung)?	Dokumentierte Informationen zu(r/m): • Instandhaltungsplänen • Instandhaltungsnachweisen • Störungs- und Verfügbarkeitsanalysen • Prozess oder Vorgaben (z. B. Rechtsvorschriften) zur Abfallentsorgung • Entsorgungsnachweisen für Elektro- und Elektronikschrott
A.1 8 Technologische Maßnahmen		
Kontrollthema: Management von IT-Rechten **A.1 8.1 Benutzerendpunktgeräte** **A.1 8.2 Privilegierte Zugangsrechte** **A.1 8.3 Informationszugangsbeschränkungen** **A.1 8.4 Zugriff auf Quellcode** **A.1 8.5 Sichere Authentifizierung**	a) Welche Vorgaben gibt es hinsichtlich der Sicherheit von Werten (z. B. Informationen in Akten, Laptops, Smartphones) innerhalb und außerhalb (z. B. Homeoffice, Dienstreise) des eigenen Betriebs, um Missbrauch, unbeaufsichtigte Fremdnutzung oder Entfernen aus dem Betrieb zu verhindern? b) Nach welchen Kriterien und an wen werden privilegierte Zugangsrechte zu Informationen und IT-Systemen vergeben, und wie wird deren Missbrauch überwacht? c) Welche Informationszugangsbeschränkungen gelten für die verschiedenen Benutzergruppen? d) Auf welchen Wegen werden Quellcodes und andere sensible IT-Informationen (z. B. Softwarebibliotheken) verwaltet und vor unbefugtem Zugriff geschützt? e) Wie ist die Sicherheit von Systemanmeldungen und -abmeldungen geregelt? f) Welche Reaktionen sind für unbefugte Zugriffsversuche vorgesehen?	Dokumentierte Informationen zu(r/m): • Benutzerrichtlinie IT-Geräte • Administratorenrichtlinie • Informationszugangssteuerungsrichtlinie • Nachweisen zur Zugangssteuerung • Richtlinie zur Quellcodeverwaltung • Richtlinie zur Kennwortverwaltung • Nachweisen zu Fehlern in der Kennwortverwaltung
Kontrollthema: Verfügbarkeit von IT-Ressourcen **A.1 8.6 Kapazitätssteuerung** **A.1 8.7 Maßnahmen gegen Schadsoftware** **A.1 8.8 Handhabung von technischen Schwachstellen**	a) Wie werden Kapazitätsengpässe in der IT-Infrastruktur erkannt? b) Welche Werkzeuge werden benutzt, um Kapazitätsengpässen proaktiv und reaktiv vorzubeugen? c) Welche Vorkehrungen sind getroffen worden, um Schadsoftware rechtzeitig zu erkennen und zu bekämpfen? d) Wie erfolgt der Schutz von nicht betroffenen Systembereichen vor einem Übergriff der Schadsoftware? e) Wie werden Benutzer in das Thema Schadsoftware eingebunden? f) Wie werden technische Schwachstellen in der IT-Konfiguration ermittelt? g) Wir werden Abhilfemaßnahmen zur Vermeidung technischer Schwachstellen generiert?	Dokumentierte Informationen zu(r/m): • Vorausschauenden Kapazitätsplanung • Risikoanalysen zur IT-Kapazität • Vorgaben zur Segmentierung von Netzwerken • Schulungs- und Unterweisungsnachweisen • Netzwerkauslastungsprotokollen • Wiki-Datenbanken mit FAQ • Benutzerhandbüchern IT • Benutzerhotline für EDV-Probleme

Normenkapitel	Auditfrage	Nachweisbeispiele
Kontrollthema: Sicherer Umgang mit Daten **A.1 8.9 Konfigurationsmanagement** **A.1 8.10 Löschung von Daten** **A.1 8.11 Datenmaskierung (Anonymisierung)** **A.1 8.12 Verhinderung von Datenlecks** **A.1 8.13 Sicherung von Informationen** **A.1 8.14 Redundanz von Informationsverarbeitungseinrichtungen**	a) Wie erfolgt die Konfiguration von Hard- und Software im Unternehmen? b) Welche Sicherheitskonfiguration wird eingesetzt, um externen Diensten und sonstigen Dienstleistern den Zugang zum Firmennetzwerk zu gestatten? c) Welche Vorgaben gibt es, um nicht mehr benötigte Daten auf Datenträgern und Geräten zu löschen? d) Wer führt diese Löschung aus, und wie wird sichergestellt, dass dies auf der Basis gesicherter Kenntnisse beruht? e) Wir wird sichergestellt, dass bei der Verarbeitung von Daten die Datenschutzauflagen hinsichtlich Anonymisierungspflichten eingehalten werden? f) Welche Vorgaben zur Datenanonymisierung sind im Unternehmen vorhanden? g) Wie sind Systeme, Netzwerke und andere IT-Geräte geschützt, um Datenlecks frühzeitig zu erkennen und den weiteren Zugriff auf Daten zu verhindern? h) Woher wissen die Mitarbeiter, wie sie sich im Umgang mit Datenlecks zu verhalten haben? i) Wie wird das Unternehmen gegen Datenverlust geschützt? j) Wie ist der Umgang mit IT-Störungen geregelt? k) Welche Vorkehrungen sind für besonders kritische Systeme getroffen worden, um deren Betriebsbereitschaft abzusichern (z. B. Back-up-Systeme)?	Dokumentierte Informationen zu(r/m): • Verzeichnissen von EDV-Rechten • Back-up-Systemen • Zugangsbeschränkungen für externe Firmen und Personen • Regeln zur Vernichtung von Datenträgern • Maskierungsrichtlinie für Daten • Nutzungsvorgaben für Firewall und Virenscanner • Schulungs- und Unterweisungsnachweisen • Datensicherungsrichtlinie • Rechtlichen Regelungen zum Datenschutz (DSGVO) • Nachweisen zu erkannten Datenlecks
Kontrollthema: Überwachung von Aktivitäten und Softwareinstallationen **A.1 8.15 Protokollierung** **A.1 8.16 Überwachung von Aktivitäten** **A.1 8.17 Uhrensynchronisation** **A.1 8.18 Gebrauch von Hilfsprogrammen mit privilegierten Rechten** **A.1 8.19 Installation von Software auf Systemen im Betrieb**	a) Wie erfolgt die Dokumentation von Störungen und Informationssicherheitsvorfällen und deren Behebung/Beseitigung? b) Auf welchen Wegen werden Protokollinformationen von Nutzertätigkeiten und Störungen gegen Manipulation gesichert? c) Wie wird die Tätigkeit von Systemadministratoren nachvollziehbar dokumentiert, und wie werden diese Protokolle geschützt? d) Wie erfolgt die Überwachung der Netzwerkaktivitäten, um unklare oder gefährliche Vorgänge der Infiltration rechtzeitig zu erkennen? e) Auf welchen Wegen werden erkannte Informationssicherheitsvorfälle langfristig untersucht, um Trends bei Informationssicherheitsvorfällen zu analysieren? f) Wie wird sichergestellt, dass alle IT-Systeme mit einer Zeitinformation arbeiten (Uhrensynchronisation)? g) Wie werden kritische Hilfsprogramme mit Sonderechten gegen unbefugte Nutzung gesichert? h) Welche Vorgehensweise wird angewendet zur Installation oder zum Austausch von Software? i) Welche Absicherung gibt es gegen die Installation von Fremdsoftware auf Firmenrechnern durch den Nutzer?	Dokumentierte Informationen zu(r/m): • IT-Störungsprotokollen • IT-Revisionsberichten • Tätigkeitsprotokollen Administratoren • Archivierungsregeln • Anwendungen von Prüfprogrammen • Netzwerk-Monitoring-Software • Verwendung von Zeitservern (Network-Time-Protokoll oder Precision-Time-Protokoll) • Interner Firewall-Schutz für kritische Netzwerkteile • Administratorenrichtlinie • IT-Nutzerrichtlinie • Vergaben von eingeschränkten Administratorenrechten

Normenkapitel	Auditfrage	Nachweisbeispiele
Kontrollthema: Umgang mit Netzwerken und Internet (Web) **A.1 8.20 Netzwerksteuerungsmaßnahmen** **A.1 8.21 Sicherheit von Netzwerkdienstleistern** **A.1 8.22 Trennung von Netzwerken** **A.1 8.23 Webfilterung**	a) Wie sind die Maßnahmen zur Netzwerksicherheit organisiert? b) Wie ist die Verwaltung von Netzwerkgeräten organisiert und dokumentiert? c) Mit welchen Maßnahmen ist das Zusammenwirken zwischen internen und externen Netzwerkdiensten (Schnittstellenmanagement) gewährleistet? d) Wie kann die Wirksamkeit des Schnittstellenmanagements bei den Netzwerkdiensten belegt werden? e) Mit welchen Methoden wird verhindert, dass Fremdeingriffe von einem Netzwerkteil auf einen anderen übergreifen können? f) Wie geht das Unternehmen mit dem Zugang von Mitarbeitern zu gefährlichen Webseiten und den damit bestehenden Risiken der Infizierung mit Schadsoftware um? g) Auf welchen Wegen werden die Mitarbeiter über Gefahren von unsicheren Webseiten informiert?	Dokumentierte Informationen zu(r/m): • Trendauswertungen von Netzwerkvorfällen • Inventarisierung von Netzwerkgeräten • Informationssicherheitsrichtlinie • IT-Fremdfirmenrichtlinie • Dienstleistungsverträgen (SLAs) mit IT-Dienstleistern • Zugangsberechtigungen für Web-Seiten • Sperrung und Warnhinweisen bei gefährlichen Webseiten • Schulungs- und Unterweisungsnachweisen zu Gefahren im Internet
Kontrollthema: Verschlüsselungsmanagement und Entwicklungssicherheit **A.1 8.24 Einsatz von Kryptografie** **A.1 8.25 Sicherer Entwicklungslebenszyklus** **A.1 8.26 Anforderungen an die Anwendersicherheit** **A.1 8.27 Sichere Systemarchitektur** **A.1 8.28 Sicheres Coding (Programmieren)**	a) Welche Informationen/Daten müssen verschlüsselt werden, und nach welchen Regeln werden diese verschlüsselt? b) Wie wird die Sicherheit der Verschlüsselungsmethode abgesichert? c) Wie werden kryptografische Schlüssel verwaltet und hinsichtlich ihrer Aktualität und Sicherheit überprüft? d) Welche Regeln gibt es für die Entwicklung von IT-Systemen und Software? e) Wie soll die Datensicherheit bei Nutzung öffentlicher oder fremder Netze (z.B. Internet) gewährleistet werden? f) Wie wird sichergestellt, dass bei Datenübertragung an Externe die Daten gegenüber negativen Einflüssen (z.B. Fehlleitung oder unvollständige Übertragung) geschützt werden? g) Wie sind Betreuung und Pflege zur Erreichung von sicheren Systemen festgelegt und organisiert? h) Welche Codierungsprinzipien werden bei der Softwareentwicklung angewendet? i) Nach welchen Kriterien werden Codierungsmethoden bei der Datenübertragung über externe Leitungen verwendet?	Dokumentierte Informationen zu(r/m): Richtlinie zum Gebrauch von Verschlüsselungstechnik • Vorgaben zur Lebenszyklusüberwachung von Datenschlüsseln • Entwicklungsrichtlinie IT-Systeme/Software • Entwicklungsprozess „IT-Systeme und Programme" • Penetrationsschutz Netzwerke (Firewall) • Verschlüsselungsrichtlinie • Codierungsrichtlinie
Kontrollthema: Informationssicherheit bei der Soft- und Hardwareentwicklung **A.1 8.29 Sicherheitstests in Entwicklung und Abnahme** **A.1 8.30 Ausgliederung Entwicklung** **A.1 8.31 Trennung von Entwicklungs-, Test- und Produktionsumgebung** **A.1 8.31 Änderungssteuerung** **A.1 8.33 Testinformation** **A.1 8.34 Schutz von Informationssystemen während Audittests**	a) Wie erfolgt die Informationssicherungstestung im Rahmen von Entwicklungstätigkeiten? b) Nach welchen Vorgaben werden Abnahmetests von IT-Systemen und Programmen durchgeführt? c) Welche Kriterien gelten für die Entwicklung von Hard- und Software von Informationssystemen durch Fremdanbieter? d) Wie ist gewährleistet, dass die Entwicklungstätigkeiten keinen Einfluss auf die operativen Systeme (Hard- und Software) haben? e) Wie wird sichergestellt, dass Entwicklungs- und Testsoftware nicht zu Störungen der EDV im operativen Betrieb führen? f) Wie ist dabei der Umgang mit Entwicklungsänderungen organisiert? g) Wie werden nach Änderungen in der DV-Infrastruktur negative Auswirkungen auf die Organisationssicherheit und die Organisationstätigkeit verhindert? h) Mit welchen Methoden werden geplante Änderungen an Hard- und Software auf das notwendige Maß begrenzt? i) Wie erfolgt der Schutz von IT-Testdaten vor Verlust oder Nutzung durch unbefugte Dritte? j) Wie werden regelmäßig die Sicherheitsanforderungen von IT-Systemen geprüft?	Dokumentierte Informationen zu(r/m): • Testvorgaben, Testprotokollen • Vorgaben zum Qualitäts- und Risikomanagement in der IT-Entwicklung • Fremdfirmenrichtlinie IT-Entwicklung • Regeln zum Versionsmanagement • Vorgaben zum Projektmanagement IT-Entwicklung • Vorgaben zum Änderungsmanagement IT-Systeme • Risikoanalyse Änderung IT-Systeme • Abnahmerichtlinie für IT-Systeme • Abnahmerichtlinie für Software • Berichten zu internen/externen Audits

Normenkapitel	Auditfrage	Nachweisbeispiele
8.2 Informationssicherheitsrisikobeurteilung		
	a) Wie und wann werden bestehende Informationsrisikobeurteilungen aktuell gehalten? b) Wie wird mit Änderungen der Risikobeurteilung umgegangen und wie ist dies nachvollziehbar dokumentiert?	Dokumentierte Informationen zu(r/m): • Dokumentierten Risikomanagementprozess • Kriterienkatalog zur Bewertung von Risiken • Bewertungsschema für Risiken • Archivierungsrichtlinie • Aktuelle Risikobeurteilungen (Risiko-Matrix) • Nachweisen zur Risiko-Chancen-Beurteilungen sowie deren Aktualisierung
8.3 Informationssicherheitsrisikobehandlung		
	a) Wie wird die Umsetzung von Maßnahmen zur Behandlung von Informationsrisiken überwacht? b) Wie wird mit Abweichungen zum Behandlungsplan umgegangen? c) Wie lassen sich Änderungen in der Risikobehandlung nachverfolgen?	Dokumentierte Informationen zu(r/m): • Dokumentierten Risikobehandlungsprozess • Maßnahmenplänen zur Risikobehandlung • Nachweisen zur Risiko-Chancen-Behandlung sowie deren Aktualisierung • Archivierungsrichtlinien • Wirksamkeitsbewertungen erfolgter Maßnahmen • Protokollen zur Maßnahmenüberwachung • Informationsrisikobehandlungsplan
9 Bewertung der Leistung		
9.1 Überwachung, Messung, Analyse und Bewertung		
	a) Welchen Kriterien und Methoden liegen der Leistungsüberwachung des ISMS und seiner Prozesse zugrunde? b) In welcher Form wird die Leistungsüberwachung der Prozesse und des ISMS durchgeführt? c) Auf welcher Grundlage erfolgt die Festlegung, wann und wie oft Leistungsdaten des ISMS und der Prozesse erhoben, analysiert und bewertet werden? d) Nach welchen Kriterien werden Kennzahlen zur Bewertung der Sicherheits-Qualität der Prozesse gebildet und erhoben? e) Welches sind die wesentlichen Kenngrößen und Merkmale des ISMS, die der Leistungsüberwachung unterliegen? f) Wie erfolgt die Nachweisführung der Ergebnisse bezüglich der Ermittlung, Analyse und Bewertung der Leistung des ISMS? g) Wie werden Analyse und Bewertung der Leistung der Prozesse des ISMS zur stetigen Verbesserung genutzt?	Dokumentierte Informationen zu(r/m): • Kennzahlendokumenten zur Prozessleistung • Messplanungen (z. B. Ort, Zeitpunkt, Häufigkeit) • Nachweisen zur Entwicklung von Kennzahlen • Methoden zur Analyse von ISMS-Themen (z. B. deskriptive Statistik, Kennzahlen-Cockpit) • Nachweisen zur Bewertung der Leistung (z. B. Berichte, Analysen) • Vorgaben zur Regelung der Wiederauffindbarkeit von Nachweisen und Dokumenten (Lenkungsvorgaben für Dokumentierte Information) • Auswertungen von Risiko- und Chancenbewertungen • jeder Art von Informationssicherheitsberichten • Meldungen über IS-Fehler, -verstößen • Kennzahlenanalysen • Berichten interner/externer Audits • statistischen Auswertungen Prüf- und Überwachungsprotokollen, Checklisten
9.2 Internes Audit		
9.2.1 Allgemeines	a) Wie ist der Prozess der Planung und Durchführung interner Audits zum ISMS im Grundsatz organisiert, und wie sind die Verantwortlichkeiten dafür geregelt? b) In welchen Zeitabständen werden interne Audits in der Organisation durchgeführt, und welches sind die Kriterien dafür? c) Welche Risiken und Chancen sind mit dem Auditprozess in der Organisation verbunden, und auf welchem Weg erfolgt der Umgang mit den erkannten Risiken und Chancen?	Dokumentierte Informationen zu(r/m): • Prozessvorgaben oder Verfahren zur Festlegung von internen Audits • Auditprogrammen • Ergebnissen der Risiko- und Chancenbewertung hinsichtlich des Auditprozesses und seiner Wirksamkeit

Normenkapitel	Auditfrage	Nachweisbeispiele
9.2.2 Programm des internen Audits	a) Nach welchen Kriterien wird das Auditprogramm erstellt? b) Wie ist die Vorgehensweise bei der Planung und Durchführung eines einzelnen Audits vor Ort? c) Wie wird die Unabhängigkeit der Auditoren im Audit gewährleistet? d) Wie wird die Kompetenz von Auditoren sichergestellt, bei neuen Auditoren und bei bestehenden Auditoren? e) Wie erfolgen die Ergebnisaufbereitung eines Audits und die Erstellung des Auditberichts? f) Welche Vorgehensweise wird angewendet beim Umgang mit Auditfolgemaßnahmen, inkl. Korrekturmaßnahmen? g) Auf welche Art und Weise werden der Auditprozess und die Kompetenz der Auditoren hinsichtlich ihrer Wirksamkeit überwacht und bewertet? h) Welche dokumentierten Informationen werden im Rahmen des Audit-prozesses geführt?	Dokumentierte Informationen zu(r/m): • Auditprogrammen • Auditplänen • Auditdokumenten, z. B. Checklisten, Fragelisten, Auditteilnehmerlisten, Auditprotokollen • Auditberichten, Auditabweichungsberichten • Maßnahmenplänen zur Einführung von Korrekturmaßnahmen • Managementbewertungen • Analysen über die Wirksamkeit der Korrekturmaßnahmen • Kompetenznachweisen für Auditoren • Bewertungsnachweisen für Auditorenüberprüfungen • Archivierungsvorgaben für Auditdokumente und Nachweise • Nachweisen zur Zusammenstellung von Auditteams
9.3 Managementbewertung		
9.3.1 Allgemeines	a) In welcher Form und Häufigkeit ist die Erstellung der Managementbewertung zum ISMS im Unternehmen geregelt? b) Wer ist in welcher Form an der Erstellung der Managementbewertung beteiligt?	Dokumentierte Informationen zu(r/m): • Vorgaben zur Erstellung von Managementbewertungen (z. B. Prozess- oder Verfahrensbeschreibungen) • Protokollen zu Leitungsrunden zur Managementbewertung • Berichten zur Managementbewertungen
9.3.2 Eingaben für die Managementbewertung	a) Welche Informationen finden Eingang in die Managementbewertung und bilden das Gerüst, anhand dessen die Wirksamkeit des ISM-Systems bewertet wird? b) Wie und durch wen werden die Eingangsinformationen für die Bewertung nachvollziehbar ermittelt? c) Welche dokumentierten Informationen werden als Input für die Managementbewertung verwendet?	Dokumentierte Informationen zu(r/m): • Rückmeldungen interessierter Kreise • Prozessanalysen • Nachweisen über Korrektur- und Vorbeugemaßnahmen • ISM-Berichten • Nachweisen zum Erfüllungsgrad von ISMS-Zielen • Ressourcenbedarf und -einsatzplänen • Risiko- und Chancenbewertungen • Systemauditberichten (intern/extern) • Berichten zu Maßnahmen- und Aktionsplänen • Geschäfts- und Investitionsplanungen • Aufzeichnungen zu Verbesserungspotenzialen
9.3.3 Managementbewertungsergebnisse	a) Welche Themen werden in den Ergebnissen der Managementbewertung behandelt? b) In welcher Form erfolgt die Aufbereitung des Ergebnisses der Managementbewertung? c) Wie erfolgt die Dokumentation der Managementbewertung? d) Enthält die Managementbewertung Impulse zur Weiterentwicklung und Verbesserung des ISMS? e) Wie werden die Ergebnisse der Managementbewertung an die zuständigen Mitarbeiter kommuniziert? f) Wie ist der Umgang mit den Ergebnissen der Managementbewertung nach deren Abschluss (z. B. Maßnahmenverfolgung) geregelt?	Dokumentierte Informationen zu(r/m): • Managementbewertungen (Bericht) • ISMS-Zielen • Änderung der ISMS-Politik • Geschäftsplänen • Strategieplänen • Investitionsplänen • Personalbedarfs und -entwicklungsplänen • Sitzungsprotokollen zur Führungskräfteinformation • Nachweisen zur Kommunikation der Inhalte der Managementbewertung • Protokolle zu Leitungsrunden

Normenkapitel	Auditfrage	Nachweisbeispiele
10 Verbesserung		
10.1 Fortlaufende Verbesserung		
	a) Welche Ziele verfolgt die Verpflichtung zur fortlaufenden Verbesserung in einem ISMS? b) Wie ist der Prozess der fortlaufenden Verbesserung im Unternehmen organisiert? c) In welcher Form (an welchen Beispielen) kann die fortlaufende Verbesserung des ISMS nachgewiesen werden?	Dokumentierte Informationen zu(r/m): • Vorgaben und Nachweisen zur Lenkung der fortlaufenden Verbesserung • Chancen-Analysen zum ISMS und seinen Prozessen • Nachweisen zum Ideenmanagement • Vorgaben und Nachweisen zum betrieblichen Vorschlagswesen • Protokollen von Informationssicherheitszirkeln • KVP-Aktivitäten zum ISMS • Bewertung von Korrekturmaßnahmen zur zukünftigen Fehlervermeidung an Prozessen und Auditfeststellungen • Managementbewertungen
10.2 Nichtkonformitäten und Korrekturmaßnahmen		
Umgang mit Nichtkonformitäten und Korrekturmaßnahmen **A.1 5.1 Organisatorische Maßnahmen** **A.1 5.24 Planung und Vorbereitung des Managements von Informationssicherheitsvorfällen,** **A.1 5.25 Bewertung der Entscheidung über Informationssicherheitsereignisse,** **A.1 5.26 Reaktion auf Informationssicherheitsvorfälle)** **A.1 5.27 Erkenntnisse aus Informationssicherheitsvorfällen**	a) In welcher Form sind das Erkennen und der Umgang mit Nichtkonformitäten/Fehlern in der Organisation geregelt? b) Wie systematisch erfolgt die Ursachenanalyse von Nichtkonformitäten/Fehlern zum ISMS? c) Wie wird sichergestellt, dass nachvollziehbar Korrekturmaßnahmen wie geplant umgesetzt und überwacht werden? d) Wie erfolgt die Bewertung der Angemessenheit und Wirksamkeit von Korrekturmaßnahmen? e) Wie erfolgt die Untersuchung nach ähnlichen Nichtkonformitäten/Fehlern in vergleichbaren Prozessen? f) Wie werden Informationssicherheitsereignisse gemeldet/erfasst? g) Wie ist die Verantwortlichkeit für Sicherheitsereignisse geregelt? h) Wie werden aus den Sicherheitsereignissen Konsequenzen hinsichtlich fortlaufender Verbesserung gezogen? i) Mit welchen Methoden werden die Informationssicherheitsvorfälle regelmäßig einer Risiko-Chancen-Bewertung unterzogen, und wie ist dies dokumentiert?	Dokumentierte Informationen zu(r/m): • Protokollen zur Fehlererfassungen und Ursachenanalysen • Maßnahmenplänen zu Korrekturen • statistischen Auswertungen • Anweisungen zu Korrekturmaßnahmen • Schulungsplänen und -nachweisen • Reklamations- und Beschwerdeanalysen • Protokolle zu Wirksamkeitsanalysen • Informationssicherheitsvereinbarungen • Investitionsplänen • Managementbewertungsprotokollen • KVP-Maßnahmenplänen • Analysen zur Risiko- und Chancenbewertungen
Dokumentierte Information zu Nichtkonformitäten und Korrekturmaßnahmen **A.1 5 Organisatorische Maßnahmen** **A.1 5.28 Sammeln von Beweismaterial**	a) Welche Informationen und Ergebnisse der Analyse und des Umgangs mit Nichtkonformitäten/Fehlern werden im Unternehmen wie dokumentiert und archiviert? b) Wie ist abgesichert, dass ggf. auch die Dokumentation zum ISMS infolge einer Korrekturmaßnahme geändert werden muss? c) Wie werden Nachweise zu Informationssicherheitsvorfällen gelenkt?	Dokumentierte Informationen zu(r/m): • Archivierungsregeln • Nachweisen zur Lenkung von Aufzeichnungen von Ergebnissen der Korrekturmaßnahmen • Nachweisen zu geänderten Dokumenten aufgrund von Korrekturmaßnahmen (z. B. Revisionsverzeichnissen) • ISM-Berichten • Änderungsverzeichnissen • Prozess zur „Lenkung dokumentierter Informationen“